说图解色

办公空间色彩搭配解剖书

王　萍　董辅川　等编著

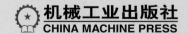

机械工业出版社
CHINA MACHINE PRESS

本书是一本讲解办公空间和配色的图书，共分为8章，分别为色彩解构、办公空间的基础知识、基础色与空间色彩设计、办公空间界面的色彩设计、办公空间的色彩设计、公共空间的色彩设计、装饰风格与色彩搭配、空间色彩的视觉印象。第1～2章为基础理论章节，详细介绍了办公空间设计需要的色彩理论和办公空间设计原理；第3章为基础色章节，详细介绍了红、橙、黄、绿、青、蓝、紫、黑、白、灰多种颜色在办公设计中的应用；第4～8章为综合章节，有针对性地对不同的设计部位与风格进行了讲解。

　　本书既可以当作工具书查阅使用，也可作为参照书赏析使用，可供室内设计、建筑设计、展示设计等专业使用的速查版式工具书籍，也可作为各大培训机构、公司的理论参考书籍，还可作为各大、中专院校的教辅书籍。

图书在版编目（CIP）数据

说图解色：办公空间色彩搭配解剖书 / 王萍等编著．
—北京：机械工业出版社，2019.1
ISBN 978-7-111-61570-5

Ⅰ . ①说⋯　Ⅱ . ①王⋯　Ⅲ . ①办公室－室内装饰设计－配色
Ⅳ . ① TU243

中国版本图书馆 CIP 数据核字 (2018) 第 289149 号

机械工业出版社 (北京市百万庄大街 22 号邮政编码 100037)
策划编辑：刘志刚　　责任编辑：刘志刚
封面设计：张　静　　责任印制：张　博
责任校对：孙成毅
北京东方宝隆印刷有限公司印刷
2019 年 1 月第 1 版第 1 次印刷
184mm×260mm・12 印张・250 千字
标准书号：ISBN 978-7-111-61570-5
定价：79.00 元

前　言

办公空间设计，是根据空间的使用性质、所处环境和标准，运用技术手段和建筑原理，创造功能合理、舒适优美、满足人们物质和精神生活需要的办公环境。人们已经越来越重视办公空间设计的实用性、功能性和艺术性，追求更舒适的使用体验、更突出的风格特色、更创意的空间设计。

本书按照办公空间的理论、分类、风格等要素分为8章。分别为色彩解构、办公空间的基础知识、基础色与空间色彩设计、办公空间界面的色彩设计、办公空间的色彩设计、公共空间的色彩设计、装饰风格与色彩搭配、空间色彩的视觉印象。书中安排了色彩说明、设计理念、色彩延伸、色彩搭配实例、佳作欣赏等模块，不仅可以让读者解决办公空间设计中遇到的实际问题，还可以学到设计方案和设计思路，欣赏和学习经典设计案例。

参与本书编写的有：王萍、董辅川、瞿玉珍、曹茂鹏。

本书在编写过程中以配色原理为出发点，将"理论知识结合实践操作""经典设计结合思维延伸""优秀设计作品结合点评分析"等内容贯穿其中，愿作读者学习提升道路上的"引路石"。由于编者水平所限，书中难免有疏漏之处，望广大专家、读者批评斧正！

CONTENTS/ 目录

第3章 基础色与空间色彩设计 030

第6章　公共空间的色彩设计　　101

第7章　装饰风格与色彩搭配　　122

第8章　空间色彩的视觉印象　　145

第1章　色彩解构

　　色彩的运用是办公空间设计中的重要环节，现如今办公空间色彩设计已从传统设计逐渐走向个性化、独特化、人文化。办公空间设计不仅仅是视觉上的艺术，更是包含了美学、科学的综合设计。不仅如此，办公空间的色彩设计也是企业视觉形象系统的一部分，要与整个企业视觉形象形成统一、和谐的关系。

1.1 光与色

　　光是人们感知色彩存在的必要条件，物体受到光线的照射而显示出形状和颜色，例如光照在红苹果上反射红色光，照射在绿苹果上反射绿色光，我们的眼睛也是因为有光才能看见眼前的事物。

　　从科学意义上来说，光是指所有电磁波谱，它可以在空气、水、玻璃等透明的物质中传播，人们看到的光可能来自于太阳或产生光的设备，所以在研究办公空间设计时，也会研究光与空间的关系。早在17世纪，科学家就利用三棱镜将太阳光分离成光谱，即红、橙、黄、绿、青、蓝、紫七色光谱，由于不同波长的折射系数不同，折射后颜色的排列位置也是不同的。

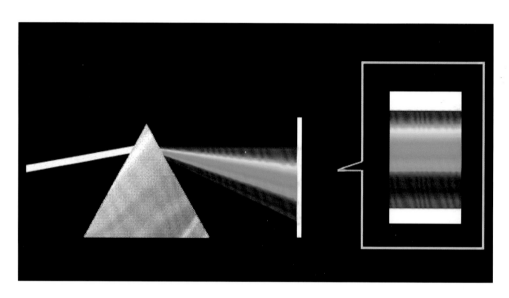

红——780～610nm

橙——610～590nm

黄——590～570nm

绿——570～490nm

青——490～480nm

蓝——480～450nm

紫——450～380nm

1.2 三原色

色彩中不能再分解的基本色称之为原色，原色可以合成其他的颜色。三原色分为两类，一类是色光三原色，另一类是印刷三原色。

1.2.1 色光三原色

光的三原色是由红色（Red）、绿色（Green）、蓝色(Blue)这3种色光组成。光的三原色的特点是将两种色光或多种色光进行混合，就会产生新的色光，参与混合的色光越多，混合出的新色光的明度就越高。如果将各种色光全部混合在一起就会形成白色光，所以色光三原色也被称之为加法三原色。加色法原理被广泛应用于电视机、显示器等产品中。如右上图所示。

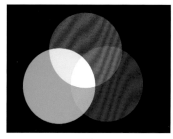

等量的蓝色光与等量的红色光进行混合会得到品红色光；等量的红色光与等量的绿色光进行混合会得到黄色光；等量的绿色光与等量的蓝色光进行混合会得到青色光；将红色、绿色和蓝色光进行混合会得到白色光。如右下图所示。

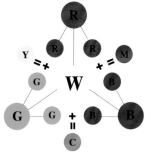

1.2.2 印刷三原色

印刷三原色是由青色（Cyan）、品红色(Magenta)、黄色(Yellow)这3种颜色组成，但是三种颜色叠加后无法达到纯黑色，因此在印刷时会添加黑色，所以当说到印刷色会说CMYK模式。印刷三原色是一种减色混合方式，将两种颜色混合在一起后颜色明度会低于原来的两种颜色，颜色混合的越多就越趋近于黑色。如右上图所示。

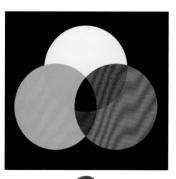

等量的品红色与等量的青色进行混合会得到蓝色；等量的品红色与等量的黄色进行混合会得到红色；等量的黄色与等量的青色进行混合会得到绿色；将品红、青色、黄色进行混合会得到浑浊的深灰色，非纯黑色。如右下图所示。

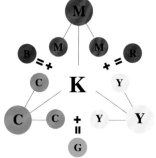

1.3 色彩的分类

　　在生活中我们能够很轻松地分辨出各种颜色，红色苹果、绿色叶子、蓝色天空、白色墙壁，这些颜色可以分为两类，一类是"有彩色"，另一类是"无彩色"。

1.3.1 有彩色

　　凡带有某一种标准色倾向的色，都称为"有彩色"。红、橙、黄、绿、青、蓝、紫为基本色，将基本色以不同量进行混合，以及基本色与黑、白、灰（无彩色）之间不同量的混合，会产生多种多样的"有彩色"。

1.3.2 无彩色

　　"无彩色"指除了彩色以外的其他颜色，常见的有金、银、黑、白、灰。明度从"0"变化到"100"，而彩度很小接近于"0"。

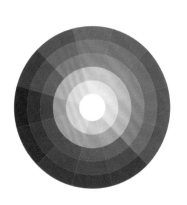

1.4 色彩的三大属性

色彩的三大属性为色相、明度和纯度。任何一种颜色都包含这三种属性，一个颜色其中一种属性改变，另外两种属性也会同时相应改变。其中"有彩色"具有色相、明度和纯度三种属性，"无彩色"只拥有明度属性。

1.4.1 色相

我们能分清红色和绿色的原因是颜色的色相不同。色彩是指色彩的"相貌"，是色彩最显著的特征。色相是根据该颜色光波长短划分的，只要色彩的波长相同，色相就相同，波长不同才产生色相的差别。例如明度不同的颜色但是波长处于780~610nm范围内，那么这些颜色的色相都是红色。

"红、橙、黄、绿、青、蓝、紫"是日常中最常听到的基本色，在各色中间加插一两个中间色，即可制出十二基本色相。

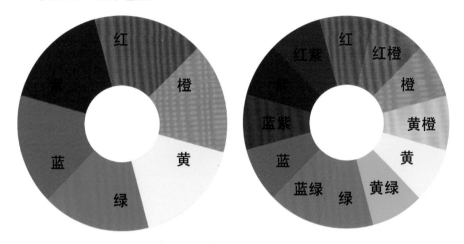

如何为色彩进行命名

大千世界中有千万种色彩，但是并未有一个权威的、固定的色彩名称，那么应该如何为色彩进行命名？对色彩进行命名又有哪些依据呢？首先要判断颜色色相是什么，例如它属于红色还是属于蓝色，然后在这个基础上进行命名。

方法一：自然色命名法

（1）以自然景色命名色彩：海蓝、紫罗兰色、月光白等。

（2）以金属矿物命名色彩：铁灰、宝石蓝、古铜色。

（3）以植物命名色彩：草绿、柠檬黄、橘红色等。

（4）以动物命名色彩：象牙白、乳白、孔雀绿等。

方法二：明度+色相命名法

先确定是哪种色相，然后加上明度，例如浅红色、深黄色、深灰色等。

1.4.2 明度

明度是指色彩的明暗程度，它决定于反射光的强度，任何色彩都存在明暗变化。色彩的明度越高，色彩越明亮；反之色彩的明度越低，色彩越暗。明度分为高明度、中明度和低明度三类。

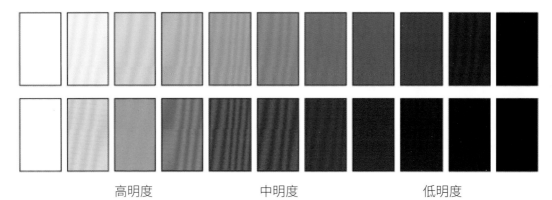

高明度　　　　　　　　中明度　　　　　　　　低明度

一种颜色在最饱和的状态时颜色明度为正常。同一种颜色有明度的区分，其中由白到黑的明暗对比最强烈。不同颜色也有明度的差别，黄色为最亮的色相，而紫色为最暗的色相。

明度不同所表现的色彩感情也是不同的，高明度的色彩醒目、明快，低明度的色彩深沉、厚重。

1.4.3 纯度

纯度是指色彩的鲜浊程度，也称之为饱和度或彩度。色彩的纯度也像明度一样有着丰富的层次，使得纯度的对比呈现出变化多样的效果。混入的黑、白、灰成分越多，则色彩的纯度越低。

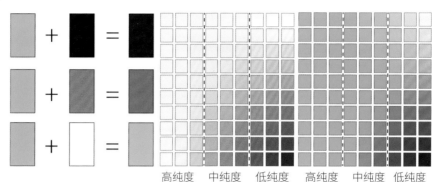

高纯度　中纯度　低纯度　高纯度　中纯度　低纯度

在设计中可以通过控制色彩纯度的方式对画面进行调整。纯度越高，画面颜色效果越鲜艳、明亮，给人的视觉冲击力越强；反之，色彩的纯度越低，画面的灰暗程度就会增加，其所产生的效果就更加柔和、舒服。高纯度给人一种艳丽明亮的感觉，而低纯度给人一种柔和、深沉的感觉。

在办公空间中，高纯度的配色方案整体给人一种青春、活跃的感觉；低纯度的配色方案整体颜色对比较弱，所以给人一种舒缓、平和的感觉。

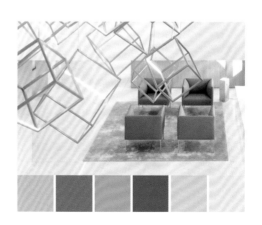

1.5 主色、辅助色与点缀色的关系

在色彩搭配中分为主色、辅助色和点缀色三种，它们相辅相成，关联密切。主色是占据空间色彩面积最多的颜色；辅助色是与主色搭配的颜色，点缀色是用来点缀画面的颜色。

1.5.1 主色

在办公空间中，主色占据了空间绝大部分的色彩，是奠定小公空间风格的基本要素之一，也是一个空间中最强的情感诉求。当确定主色调以后，辅助色与点缀色都会围绕着主色进行选择。

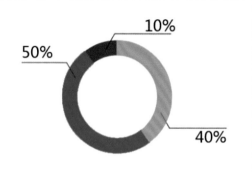

左图空间以蓝色作为主色调，整体给人一种现代、时尚、活力的感觉

1.5.2 辅助色

辅助色，顾名思义其作用就是辅助和衬托主色，通常会占据空间的三分之一左右。辅助色一般比主色略浅，否则会产生喧宾夺主和头重脚轻的感觉。

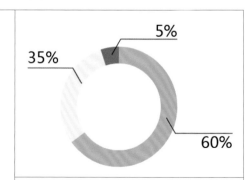

左图空间以灰色为主色调，象牙白为辅助色，象牙白颜色温和，属于暖色调，它给原本清冷的空间带来了温暖

1.5.3 点缀色

点缀色也叫点睛色，它的作用是用来点缀和装饰。点缀色只占据空间的很小一个部分，但是其作用非常大，通常是整个空间内最突出的视觉元素。

 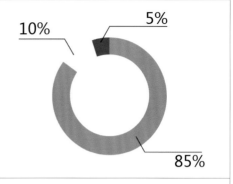

左图空间以卡其灰为主色调，该色彩温和、典雅，中明度的色彩基调给人一种安静、舒适的视觉感受

1.6 色彩的对比

一种颜色是无法产生对比效果的，只有当两种或两种颜色搭配在一起时才会产生对比效果，对比效果取决于颜色的明度、纯度、色相、面积以及冷暖。

1.6.1 明度对比

明度对比是色彩明暗程度的对比，也称之为色彩的黑白对比。按照明度顺序可将颜色分为低明度、中明度和高明度三个阶段。在有彩色中，柠檬黄为高明度，蓝紫色为低明度。

色彩间明度差别的大小，决定明度对比的强弱。三度差以内的对比又称为短调对比，短调对比给人以舒适、平缓的感觉；三至六度差的对比称为明度中对比，又称为中调对比，中调对比给人以朴素的感觉；六度差以外的对比，称为明度强对比，又称为长调对比，长调对比给人以鲜明、刺激的感觉。

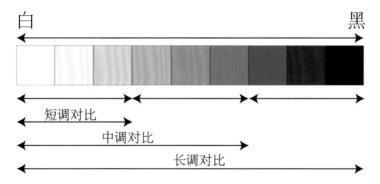

上图空间整体采用低明度的配色方案，黑色与亮灰色的搭配给人一种理性、安静的心理感受	上图空间以黄色为主色，搭配黑色作为点缀，二者明度对比较为鲜明，所以给人一种激烈、碰撞的感觉

1.6.2 纯度对比

纯度对比是指因为颜色纯度差异产生的颜色对比效果。纯度对比既可以体现在单一色相的对比中，也可以体现在不同色相的对比中。通常将纯度划分为三个阶段：高纯度、中纯度和低纯度。

上图空间采用高纯度的色彩搭配，红色、湖蓝色、蓝色的颜色纯度都非常高，整体搭配在一起给人以活力、鲜明的视觉感受	上图空间采用中纯度对比，颜色对比较弱，但是具有明显的色彩倾向，给人一种放松、舒缓的感觉	在上图空间中，采用低纯度的配色，整体倾向于灰色调，明度较高，所以给人一种舒缓、温和的感觉

1.6.3 色相对比

色相对比是两种或两种以上色相之间的差别而形成的色彩对比效果。当主色确定之后，就必须考虑其他色彩与主色之间的关系。色相对比中通常有同类色对比、邻近色对比、类似色对比、对比色对比、互补色对比等。

1. 同类色对比 同类色对比是同一色相里的不同明度与纯度色彩的对比。在24色色环中，两种颜色相距0°~15°为同类色，同类色对比较弱，给人的感觉是单纯、柔和、协调的，无论总的色相倾向是否鲜明，整体的色彩基调容易统一协调。

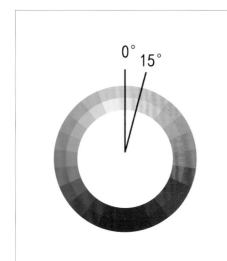

上图空间以褐色为主色调，通过不同明度的褐色增加空间的视觉层次感

2. 邻近色对比 在25色色环中两种颜色相距15°~30°为邻近色。邻近色的色相、色差的对比都是很小的，这样的配色方案对比弱、画面颜色单一，经常借助明度、纯度来弥补不足。

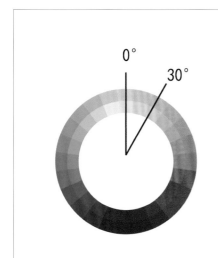

在上图空间中，原木色的墙裙和黄色的坐垫为临近色，暖色调的主色调让这个小空间充满温馨之感

3．类似色对比　在色环中两种颜色相距30°~60°为类似色，在配色时应先将主色确定，然后使用小面积的类似色进行辅助。这样的配色具有耐看、色调统一的特点。

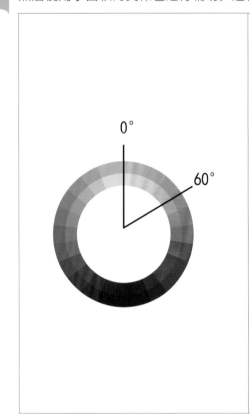

在上图空间中，藏蓝色的沙发，蓝色的桌子以及青灰色的地毯为同类色，这几种冷色调搭配在一起给人以安静、沉稳的感觉

4．对比色对比　在色环中两种颜色相距120°左右为对比色，对比色会给人一种强烈、鲜明、活跃的感觉。

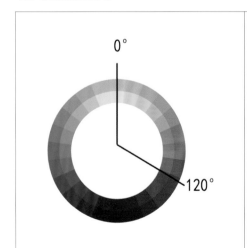

在上图空间中，红色与黄色为对比色，这种颜色对比效果鲜活、饱满，容易使人兴奋激动

5. 互补色对比　在色环中色相相差180°左右的两种颜色为互补色。这样的色彩搭配可以产生一种强烈的刺激作用，对人的视觉具有强烈的吸引力。

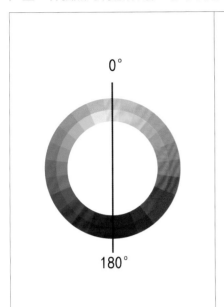

黄色与紫色为互补关系，二者搭配在一起能够产生强烈、刺激的视觉效果

1.6.4 面积对比

　　面积对比是在同一画面中因颜色所占面积大小产生的色相、明度、纯度、冷暖等的对比。在办公空间中，通常低纯度的颜色面积较大，而高纯度的颜色面积较小，这种配色能够达到一种色彩上的平衡，使人感觉舒适，而不是烦躁不安。

上图空间中黄色的顶棚面积较大，给人以活泼、温暖、鲜明的感觉，白色的墙壁和浅灰色的地面可以缓冲黄色刺眼的感觉

在上图空间中，深灰色和亮灰色占了很大面积，而作为点缀色的绿色，在较小的面积中为空间注入了生机与活力

1.6.5 冷暖对比

　　由于色彩感觉的冷暖差别而形成的色彩对比称为冷暖对比。冷色和暖色是一种色彩感觉，空间中冷色和暖色的分布比例决定了空间的整体色调，即暖色调和冷色调。不同的色调能表达不同的意境和情绪。

| 上图空间整体采用浅灰色调，利用青色和黄色作为点缀色，在冷与暖的对比中为空间注入了活力 | 上图空间整体为暖色调，青色的点缀色，让空间的色调对比变得鲜明、跳跃 |

第2章　办公空间的基础知识

在现代文明高度发达的今天，人们大多数时间都是在办公室中度过，企业对办公环境越来越重视。好的办公环境能够激发员工的工作灵感、提高工作效率，达到"在环境中受到熏陶，在节奏中提高效率"的共识。办公空间作为公共空间设计的一个分支，需要从空间布局、配套设施、材料与色彩的运用等方面去展示风格各异的办公环境，本章主要讲解办公空间的基础知识。

2.1 办公空间的功能

办公室是提供工作办公的场所，不同类型的企业，办公场所有所不同。一方面，良好的办公环境能够为员工创造一个舒适、高效的工作环境，以便于最大限度地提高员工的工作热情，从而起到提高员工创造力与工作效率的作用；另一方面，优质的办公环境也是企业的"脸面"，能够向客户展现企业实力，从而取得客户的信赖。

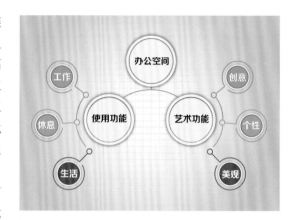

对于办公空间的设计需要考虑的因素有很多，例如科学、技术、人文、艺术等。优秀的办公空间应该同时满足使用功能和艺术功能的双重需要。

现代办公空间的设计更加注重人性化，在设计过程中通常会将生活、休闲与工作相结合，形成一个劳逸结合的办公场所。因此办公空间中除了基础的办公区域，还会设计划分一些用来休闲娱乐、学习和阅读的场所，例如下图所示的健身室与休息室。

2.2 办公空间的分类

1．单间式办公空间 单间式的办公室设计空间是以部门或性质为单位，分别安排在不同大小和形状的房间之中。其特点是独立、封闭、有私密性、相互干扰小。单间式办公室分为全封闭式、透明式或半透明式。封闭式的单间办公室具有较高的保密性；透明式的办公空间则除了采光较好外，还便于领导和各部门之间相互监督及协作，透明式的间隔可通过加窗帘等方式改为封闭式。右图和下图为单间办公空间。

2．单元型的办公空间 在一个企业中分为多个部门，每个部门作为一个单元在一个空间中办公，其中"晒图""文印""资料展示"等服务用房为公共区域。下图为单元型的办公空间。

3．公寓型的办公空间 以公寓型办公室设计空间为主体组合的办公楼，也称办公公寓楼或商住楼。公寓型办公空间的主要特点是：除了可以办公外，还具有类似住宅的盥洗、就寝、用餐等功能。公寓型办公空间提供白天"办公和用餐"，晚上"住宿就寝"的双重功能，给需要为办公人员提供居住功能的单位或企业带来了方便。下图为公寓型的办公空间。

4．开放式办公空间　开放式办公室设计空间是将若干个部门置于一个大空间中，而每个工作台通常又用矮挡板分隔，便于员工联系却又可以相互监督。开放式办公空间多用于大、中型企业，即需要容纳许多人同时办公的空间的布局。开放式办公空间具有节省空间、节约资源、装修成本低等特点。下图为开放式办公空间。

5．景观办公空间　现代的办公室设计空间更注重人性化设计，倡导"环保设计观"，这就是所谓的"景观办公空间"模式。现如今许多办公场所都集中在办公楼中，为了减轻周围环境的压迫感，设计一个绿色、健康、活泼的办公空间变为尤为重要。下图为景观办公空间。

2.3 办公空间的设计要点

办公空间是人员的工作场所，所以在设计过程中要做到"以人为本"。一切设计都要以实用性与舒适性作为出发点，力求营造出一个美观、舒适、和谐的办公空间。在办公空间设计过程中，注意抓住以下几个要点。

1．设计风格符合企业特点　办公空间体现企业形象，在设计之初要充分了解企业类型和企业文化，才能设计出能反映企业风格与特征的办公空间。

某公司的办公室设计风格、色彩搭配都与整体的VI设计（视觉形象识别系统）相统一，这样的设计无论是对内还是对外都能够产生认同的统一性，可形成良好的企业印象。

2．彰显个性　若要设计脱颖而出就必须有"自己"的个性，同样，在办公空间设计中彰显个性才能反映出企业自身的特点和与同行业之间的差异化。在设计过程中要注重形式、空间、质感、材料、光与影、色彩等要素的结合，才能设计出与众不同的办公空间。

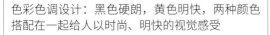

色彩色调设计：黑色硬朗，黄色明快，两种颜色搭配在一起给人以时尚、明快的视觉感受

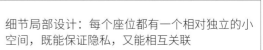

细节局部设计：每个座位都有一个相对独立的小空间，既能保证隐私，又能相互关联

3．以人为本 舒适的办公环境能够间接地激发员工的工作热情，提高工作效率，所以在办公空间的设计中要以"人"的角度作为出发点，考虑使用感受和审美情趣。例如办公家具的选择，一方面要考虑整体的装修风格，另一方面要符合人体工程学，注重使用体验。下图是一个多功能空间，空间敞亮，配色温馨，既能用来休息，也可以用来开会或者进行头脑风暴。

4．前瞻性设计 现代办公室，计算机不可缺少，较大型的办公室经常使用网络系统。设计师需要规划通信线路、计算机工作设置，甚至是电源、开关、插座，要注意其整体性和实用性。

5．倡导环保设计 在办公空间设计中要考虑环保与节能，在选择装修材料时尽量利用绿色自然、生态环保的材料，并且要确保室内的自然采光和通风，使环境安全舒适、洁净宜人。

2.4 办公空间的绿化设计

办公空间绿化是指将自然界中的植物以美学、科学、艺术的形式应用在办公空间中，营造出充满活力、健康、美感的办公环境。办公空间的绿化具有美化环境、组织室内空间、净化空间、陶冶情操的作用。

1．美化环境 绿色植物是空间装饰不可缺少的元素之一，这也是一种具有生命活力的室内陈设设计手法，这一点是其他装饰元素不可替代的。在办公空间中，将绿色植物在室内空间中进行巧妙的配置，并且与整体的设计风格相统一，从而给人以美的感受。不仅如此，绿色植物还具有缓解疲劳、排除压力、放松心情的作用，这一设计需求在办公空间中尤为重要。下图用绿色植物装饰过的空间有着幽静的美感，可以让身处其中的人员放松心情。

2．组织室内空间

（1）引导空间。在一个空间中，植物是非常具有吸引力的，所以在转角和入口的位置安放植物能够起到引导的作用。例如在下图所示的写字楼中，其内部结构通常比较复杂，人们也容易分不清方向，找不到出入口，在关键的转折点或出入口摆放植物，既能起到引导的作用，又能起到装饰的作用。

（2）限定空间。利用绿化设计限定空间是比较灵活并且成本比较低的方法，它既能保证空间的独立性，又不失去空间的完整性。例如在写字楼的内部，有许多空间通常是开敞型的，通过绿化设计可以将空间再次划分，充分利用空间。

上图空间用低矮的植物墙作为过道和办公区的分割墙，既划分了空间，又不影响视线	在上图入口位置摆放了植物，能够起到缓冲视线的作用

（3）沟通空间。用植物作为室内、外空间的联系，将室外植物延伸至室内，使内部空间兼具外部自然界的设计要素，这样的过渡自然流畅，可以有效地打破室内空间的局限感。

在上图空间中，走廊中的植物与室外墙体垂下的植物相映成趣	上图安置在落地窗旁边的植物能够起到与室外明亮空间沟通的作用

（4）填补空间 。如右图所示，在一些闲置的角落可以摆放绿色植物作为装饰，既能美化环境，又能填补空白。

3．净化空气 植物通过光合作用吸收二氧化碳，释放新鲜的氧气，所以具有净化空间的作用。而且植物叶面吸热和水分蒸发对室内也能起到一个降温、保湿的作用。

4．放松心情，调整状态 因为现代都市生活的快节奏，人们越来越疏远自然。而将植物引进办公室，则等于将现代建筑与自然环境做了交融。繁忙的工作之余，抬头看看郁郁葱葱、充满生机的植物，可以使视觉神经和心态都得到调整、放松。

2.5 办公空间的照明设计

随着社会的发展，办公空间对室内照明技术的要求也越来越高，现如今室内照明已经不仅仅局限照明这个基本功能，而是还要考虑美观性与舒适性。良好的照明能够满足人生理和心理的安全感和舒适感，还能激发员工的工作热情、提高工作效率。

2.5.1 照明的布局形式

1．基础照明 基础照明也称为"背景照明"或者"环境照明"，是一个照明规划的基础，是指充满房间的非定向照明，为空间中的所有活动创造一个普遍充足的照明基础。

2．重点照明 重点照明是指定向照射空间的某一特殊物体或区域，以引起注意的照明方式。例如右图所示，前台办公桌上的台灯，起到引导的作用。

3．装饰照明 装饰照明是为了创造视觉上的美感而添加的特殊照明形式，通常具有增加空间层次感、营造空间氛围的作用。

| 上图中前台下方的灯带就是装饰照明 | 上图所示为墙面上用来装饰照明的灯光 |

2.5.2 室内照明的方式

室内照明作为办公空间设计中一个重要的组成部分，不仅起到了照明作用，还可以起到突出空间表达形态、衬托环境气氛的作用。室内照明方式有以下几种。

1．直接照明 光线通过灯具射出，其中90%~100%的光线到达假定的工作面上，这种照明方式为直接照明。这种照明方式具有强烈的明暗对比，照明效果好，例如裸露在陈设的荧光灯、白炽灯都属于直接照明。但是由于其亮度过高，应防止眩光的产生。这种照明方式通常会应用在工厂、普通办公室等。

2．半直接照明　　半直接照明方式是半透明材料制成的灯罩罩住光源上部，使60%~90%以上的光线集中射向工作面，10%~40%的光线又经半透明灯罩扩散而向上漫射，其光线比较柔和。这种灯具常用于较低房间的一般照明。

3．间接照明　　间接照明方式是将光源遮蔽而产生间接光的照明方式，其中90%~100%的光线通过顶棚或墙面反射作用于工作面，10%以下的光线则直接照射工作面。如果与其他照明方式配合使用，可以取得特殊的艺术效果。

4．半间接照明　光源60％以上的光线经过反射后照射到被照物体上，少量光线直接射向被照物体，比间接照明亮度大。

5．漫射照明方式　利用半透明磨砂玻璃罩、乳白罩或特制的格栅，使光线形成多方向的漫射，其光线柔和，有很好的艺术效果，适用于会议室和一些较大空间的照明。

2.6 办公空间的色彩设计

随着社会竞争的不断加强，人们停留在办公空间的时间越来越长，办公空间已不仅仅是工作的场所，也成为交流信息、扩大交往的社交场所，所以办公空间的色彩设计更要营造出一个舒适、自然、高效的环境氛围。

2.6.1 色彩设计在办公空间中的作用

在办公空间设计中，色彩是直接、具表现力且生动的表达方式，所以它有着举足轻重的地位。色彩的搭配不仅能够起到美化环境、烘托气氛的作用，还可以通过人们对色彩的感知产生生理或心理的影响。色彩搭配在办公空间设计中有以下几点作用：

1. 调节空间感　颜色具有进退感，运用这种物理现象可以改变人对空间面积或体积的感觉。例如一个面积较小的房间，首选以白色作为主色调，因为白色轻盈、空旷，容易产生距离感，故会使整体空间"显得宽敞"。

上图空间开阔，并且办公家具不是很多，添加了深灰色调的辅助色后，给人以充实、丰富的视觉感受	上图空间面积狭窄，白色的墙面和浅黄色的桌子给人以膨胀感，在视觉上可以增加空间的面积

2. 调节心理　不同的色彩所带来的心理感觉是不同的，因此色彩的选择应该根据工作性质、员工群体属性来选择颜色设计方案。

上图黄绿色调的点缀色给人以轻快、活泼、朝气蓬勃的感觉	上图黑色调的主色调与白色形成鲜明对比，整体给人的感觉是严肃的、具有威慑力的

3．调节室温　颜色有暖色调也有冷色调，所以在办公空间设计中也要考虑冷、暖色调的运用。例如在热带地区，就可以选择地中海风格的设计方法，白色与蓝色的搭配给人以清爽、舒适的感觉。

上图空间整体采用暖色调，橘红色的点缀色给人以活泼、温暖的感觉	上图空间中以青色为点缀色，给人以理性、稳重的感觉

4．调节室内光线　室内色彩可以调节室内光线的强弱，因为各种色彩都有不同的反射率，白色的反射率高，灰色的反射率低。所以可以根据室内的采光，适当地运用反射率来调节室内的进光量。

上图白色调的基础色调让整个办公空间显得宽敞、明亮	上图暗色调能够使室内光线变暗，如果采用暗色调的配色，建议在室内采光良好、室内空间较大的情况下进行配色，否则容易产生拥堵感

2.6.2 色彩设计在办公空间中的原则

1．符合企业形象　　办公空间的色彩搭配要与企业的"LOGO""VI系统"相统一，统一的色彩应用是团结的象征，是文化凝聚力的表现。

2．满足功能需要　　在办公空间中色彩搭配不仅仅要满足"美观"的需求，还要满足"实用"的需求。在进行办公空间色彩搭配时，要进行精准的定位，不同空间适宜不同的配色方案，同时也要迎合色彩的心理作用。

3．满足色彩情感　　单独的色彩无所谓美与丑，但不同的色彩搭配在一起就会产生不同的视觉效果。在对办公空间进行色彩搭配时要综合分析企业的定位和个人的情感因素，有目的地进行色彩搭配。

4．满足审美要求　　色彩搭配是办公空间设计的重要组成部分，需要在美学理论支撑的基础上符合审美的要求。在设计过程中，要充分处理好主色、辅助色和点缀色之间的关系，控制好整个空间的色彩基调，协调不同颜色之间的关系。

第3章 基础色与空间色彩设计

色彩是室内空间的基本要素之一，它的存在虽然离不开具体的物体形态，但是却具有比形状、材质、大小更强的吸引力。当人进入到一个空间中，往往先被颜色所吸引，所以颜色更具备"先声夺人"的力量。室内办公空间的基础色主要分为：红、橙、黄、绿、青、蓝、紫、黑白灰。

红：热情、喜庆的颜色，属于暖色调，代表着吉祥、热情、奔放。

橙：年轻、欢乐的颜色，属于暖色调，代表着华丽、健康、兴奋。

黄：耀眼、温暖的颜色，属于暖色调，代表着活泼、欢乐、希望。

绿：健康、自然的颜色，属于冷色调，代表着放松、舒缓、安全。

青：活泼、凉爽的颜色，属于冷色调，代表着清新、活泼、轻盈。

蓝：深沉、理智的颜色，属于冷色调，代表着成熟、科技、稳重。

紫：优雅、华丽的颜色，属于冷色调，代表着浪漫、神秘、华贵。

黑、白、灰：同属于无彩色。黑色可以让人产生深邃的感觉，白色则给人营造一种纯净、淡雅的氛围；灰色则比较柔和，可以体现业主的内涵修养。

3.1 红色

3.1.1 认识红色

红色：红色是强有力的色彩，是热烈、冲动的色彩。红色总给人以热情、浓烈的视觉感受，在办公空间中，红色能够提高室温，让空间的气氛更加活跃。在红色中逐步添加白色后，颜色变得轻柔，"女性色彩"也越发强烈。在红色中逐步添加黑色，颜色的明度逐步降低，颜色也就变得越来越中性化。

正面关键词：喜庆、吉祥、热情、奔放、斗志、温暖。

负面关键词：血腥、恐怖、警告、杀戮、伤害、欲望。

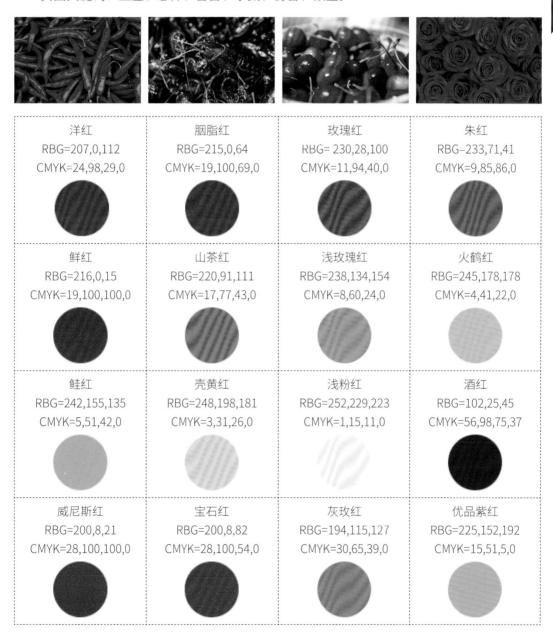

洋红	胭脂红	玫瑰红	朱红
RBG=207,0,112	RBG=215,0,64	RBG= 230,28,100	RBG=233,71,41
CMYK=24,98,29,0	CMYK=19,100,69,0	CMYK=11,94,40,0	CMYK=9,85,86,0
鲜红	山茶红	浅玫瑰红	火鹤红
RBG=216,0,15	RBG=220,91,111	RBG=238,134,154	RBG=245,178,178
CMYK=19,100,100,0	CMYK=17,77,43,0	CMYK=8,60,24,0	CMYK=4,41,22,0
鲑红	壳黄红	浅粉红	酒红
RBG=242,155,135	RBG=248,198,181	RBG=252,229,223	RBG=102,25,45
CMYK=5,51,42,0	CMYK=3,31,26,0	CMYK=1,15,11,0	CMYK=56,98,75,37
威尼斯红	宝石红	灰玫红	优品紫红
RBG=200,8,21	RBG=200,8,82	RBG=194,115,127	RBG=225,152,192
CMYK=28,100,100,0	CMYK=28,100,54,0	CMYK=30,65,39,0	CMYK=15,51,5,0

3.1.2 典型案例

左图空间并没有采用鲜红作为主体色，而是采用深红。深红色的沙发在白色墙壁的衬托下鲜艳但不跳跃，让整个空间洋溢着温暖、热情之感。深红色的沙发、酒红色的地毯和橘黄色的窗帘属于类似色，搭配在一起协调、统一

 44,99,100,12

 67,83,65,34

 34,91,100,1

 20,25,36,0

3.1.3 场景搭配

上图空间中灰色的地面和墙面给人一种"工业风"的冰凉、冷酷之感。摆放了红色软椅之后，红色与灰色产生激烈的碰撞，形成了鲜明的对比

上图是一个后现代风格的空间设计，造型独特的软椅凸显出独特品位。红色与黑色形成强有力的对比，使空间的视觉层次更加多样化

上图所示的置物架的颜色纯度较低，与白色搭配在一起给人以温柔、素雅的视觉感受

3.1.4 红色的常见色彩搭配

淡淡胭脂		六月花海	
初恋		北国秋天	
奇幻夏天		凤凰涅槃	
胭脂佳人		喜悦	

3.1.5 佳作欣赏

3.2 橙色

3.2.1 认识橙色

橙色是由红色和黄色混合而来的颜色，当红色含量多时颜色呈现出橘红色，当黄色含量多时颜色呈现为橘黄色，当添加了一定的黑色后呈现出黄褐色。橙色的在办公空间中还是较为常见的，原木色就属于橙色调。橙色是暖色系中温暖的颜色，但是高纯度的橙色容易造成视觉疲劳，所示比较适合作为空间的点缀色。

正面关键词：明亮、华丽、健康、兴奋、温暖、欢乐、辉煌。

负面关键词：轻浮、浮夸、焦虑、警告、晦涩、夸张。

   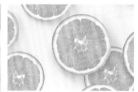

橘色	柿子橙	橙色	阳橙
RBG=235,97,3	RBG=237,108,61	RBG=235,85,32	RBG=242,141,0
CMYK=9,75,98,0	CMYK=7,71,75,0	CMYK=8,80,90,0	CMYK=6,56,94,0

橘红	热带橙	橙黄	杏黄
RBG=238,114,0	RBG=242,142,56	RBG=255,165,1	RBG=229,169,107
CMYK=7,68,97,0	CMYK=6,56,80,0	CMYK=0,46,91,0	CMYK=14,41,60,0

米色	琥珀色	驼色	咖啡色
RBG=228,204,169	RBG=203,106,37	RBG=181,133,84	RBG=106,75,32
CMYK=14,23,36,0	CMYK=26,69,93,0	CMYK=37,53,71,0	CMYK=59,69,100,28

蜂蜜色	沙棕色	巧克力色	重褐色
RBG= 250,194,112	RBG=244,164,96	RBG= 85,37,0	RBG=139,69,19
CMYK=4,31,60,0	CMYK=5,46,64,0	CMYK=59,84,100,48	CMYK=49,79,100,18

3.2.2 典型案例

左图空间中橙色的阶梯沙发座椅是整个空间的亮点所在，明亮、鲜艳的色彩给原本灰调空间带来温暖、欢快的感觉。这个空间主要的功能是供员工探讨与研究，橙色能够起到激发灵感、活跃思维的作用

 8,65,90,0

 45,80,100,10

 10,20,75,0

 40,100,95,3

3.2.3 场景搭配

在上图空间中，灰色是整个空间的色彩基调，橙色调的沙发点缀了空间色彩，使空间更有活力和亲和力，不仅如此还为空间增添了一抹复古情感

在上图暖色调的空间中，橙色为点缀色，并且以线条的形式出现，让整个空间呈现出韵律感

在上图空间中，米色的木纹理属于低纯度、高明度的橙色调，给人以温馨、典雅的感觉

3.2.4 橙色的常见色彩搭配

金色阳光			北欧阳光		
枫叶之都			温情午后		
幸福之家			艺术之旅		
金色秋天			柳橙汁		

3.2.5 佳作欣赏

3.3 黄色

3.3.1 认识黄色

黄色：黄色给人以轻快、希望和温暖的感觉，属于暖色调。黄色应用在室内空间中可起到提高室内温度的作用，高明度的黄色给人以温柔、舒缓的感觉，低明度的黄色则给人以浑厚、稳重的感觉。在办公空间中，黄褐色、深黄褐色、卡其色都是较为常见的颜色，这些颜色经常出现在窗帘、地板、办公空间和壁纸中，给人一种温暖又不夸张、舒适又不刺激的感觉。

正面关键词：活泼、轻快、欢乐、温暖、希望。

负面关键词：轻浮、色情、廉价、警醒。

黄	铬黄	金黄	香蕉黄
RGB=255,255,0	RGB=253,208,0	RGB=255,215,0	RGB=255,235,85
CMYK=10,0,83,0	CMYK=6,23,89,0	CMYK=5,19,88,0	CMYK=6,8,72,0

鲜黄	月光黄	柠檬黄	万寿菊黄
RGB=255,234,0	RGB=255,244,100	RGB=240,255,0	RGB=247,171,0
CMYK=7,7,87,0	CMYK=7,2,68,0	CMYK=17,0,85,0	CMYK=5,42,92,0

香槟黄	奶黄	土著黄	黄褐
RGB=255,248,177	RGB=255,234,180	RGB=186,168,52	RGB=196,143,0
CMYK=4,3,40,0	CMYK=2,11,35,0	CMYK=36,33,89,0	CMYK=31,48,100,0

卡其（黄）色	含羞草黄	芥末黄	灰菊色
RGB=176,136,39	RGB=237,212,67	RGB=214,197,96	RGB=227,220,161
CMYK=40,50,96,0	CMYK=14,18,79,0	CMYK=23,22,70,0	CMYK=16,13,44,0

3.3.2 典型案例

左图空间采用暖色调，给人以温暖、舒适的感觉。正黄色的椅子与整个空间的色调统一，给人以和谐、舒适的美感。同时正黄色也可以给人一种活泼、欢乐的感觉，并在这个空间中形成一种视觉焦点

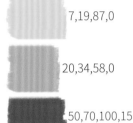

7,19,87,0

20,34,58,0

50,70,100,15

72,71,81,45

3.3.3 场景搭配

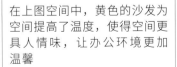

在上图空间中，黄色的沙发为空间提高了温度，使得空间更具人情味，让办公环境更加温馨

上图空间整体采用白色调，用黄色作为点缀色，这样的配色能够给人以热情、活跃的感觉，在这个空间中讨论工作时可提高员工的积极性

上图空间采用白色搭配黄色的配色方案，整体给人活泼、轻盈的感觉，黄色的半透明玻璃材质具有透明性，在这个空间工作时能够避免被行人打扰，又可以起到让员工相互监督的效果

3.3.4 黄色的常见色彩搭配

撞色					慢时光				
假日物语					怀旧风尚				
水果硬糖					少女系				
时尚大咖					初夏				

3.3.5 佳作欣赏

3.4 绿色

3.4.1 认识绿色

　　绿色：绿色是自然界中常见的颜色，这种颜色给人的第一个感觉就是自然、健康的感觉。在办公空间中绿色调常被应用在田园风格的装修中，突显自然、清新之感。室内还会选择栽种一些植物进行点缀，让人在工作时也能感受大自然的气息。

　　正面关键词：自然、健康、放松、清新、舒缓、安全。

　　负面关键词：俗气、恶毒、恶心。

黄绿 RGB=216,230,0 CMYK=25,0,90,0	苹果绿 RGB=158,189,25 CMYK=47,14,98,0	墨绿 RGB=0,64,0 CMYK=90,61,100,44	叶绿 RGB=135,162,86 CMYK=55,28,78,0
草绿 RGB=170,196,104 CMYK=42,13,70,0	苔藓绿 RGB=136,134,55 CMYK=56,45,93,1	芥末绿 RGB=183,186,107 CMYK=36,22,66,0	橄榄绿 RGB=98,90,5 CMYK=66,60,100,22
枯叶绿 RGB=174,186,127 CMYK=39,21,57,0	碧绿 RGB=21,174,105 CMYK=75,8,75,0	绿松石绿 RGB=66,171,145 CMYK=71,14,52,0	青瓷绿 RGB=123,185,155 CMYK=56,13,47,0
孔雀石绿 RGB=0,142,87 CMYK=82,29,82,0	铬绿 RGB=0,101,80 CMYK=89,51,77,13	孔雀绿 RGB=0,128,119 CMYK=84,40,58,1	钴绿 RGB=106,189,120 CMYK=62,6,66,0

3.4.2 典型案例

左图空间是一个休息区，整个空间采用统一的绿色，地毯、沙发采用橄榄绿，这种绿色性格稳重、内敛，让人觉得舒适；玻璃幕墙上苹果绿的装饰给人以鲜活、刺激的感觉；整个空间采用了大量的绿色植物作为装饰，让人有种身处自然的感觉，在这样的氛围中办公或休息，身心都能够得到放松

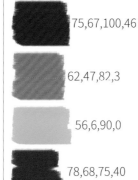

75,67,100,46

62,47,82,3

56,6,90,0

78,68,75,40

3.4.3 场景搭配

在上图空间中，苔藓绿的地毯色调柔和，在白色的衬托下显得自然、温和，让人联想到自然界中的草坪，令人感觉轻松自在

上图浅绿色的装饰在白色调的衬托下显得清新可人，给人以雅致、文静的感觉

上图孔雀绿的墙面给人以鲜明略带妖艳的感觉，搭配绿色的沙发，整体色调和谐、统一

3.4.4 绿色的常见色彩搭配

			童真	
晨露				
绿野仙踪			绿色稻田	
盛夏			早春三月	
春日恋歌			隐居	

3.4.5 佳作欣赏

3.5 青色

3.5.1 认识青色

青色：青色介于绿色与蓝色之间，属于冷色调，给人一种清爽、活泼的感觉。在办公空间中，青色不宜装修在寒冷的地区，因为它会给人以冰凉、寒冷的感觉。高纯度的青色非常适合作为空间的点缀色，能够很好地活跃、点缀气氛。

正面关键词：清凉、干净、冰爽、素雅、纯洁、轻快。

负面关键词：郁闷、空虚、哀伤、忧愁。

青 RGB=0,255,255 CMYK=55,0,18,0	铁青 RGB=50,62,102 CMYK=89,83,44,8	深青 RGB=0,78,120 CMYK=96,74,40,3	天青色 RGB=135,196,237 CMYK=50,13,3,0
群青 RGB=0,61,153 CMYK=99,84,10,0	石青色 RGB=0,121,186 CMYK=84,48,11,0	青绿色 RGB=0,255,192 CMYK=58,0,44,0	青蓝色 RGB=40,131,176 CMYK=80,42,22,0
瓷青 RGB=175,224,224 CMYK=37,1,17,0	淡青色 RGB=225,255,255 CMYK=15,0,5,0	白青色 RGB=228,244,245 CMYK=14,0,6,0	青灰色 RGB=116,149,166 CMYK=61,36,30,0
水青色 RGB=88,195,224 CMYK=62,7,15,0	藏青 RGB=0,25,84 CMYK=100,100,59,22	清漾青 RGB=55,105,86 CMYK=81,52,72,10	浅葱色 RGB=210,239,232 CMYK=22,0,13,0

3.5.2 典型案例

左图是一个带有摩登气息的会客与休息空间设计，特殊造型的墙壁、时尚造型的吊灯与布艺的沙发搭配在一起，让空间如同乐章般有了跌宕起伏、高低错落的跳跃感。青色在这个空间中有着举足轻重的地位，是整个空间的色彩灵魂，青色的沙发与地毯颜色相互呼应，给人一种鲜明、爽朗、轻盈的感觉

 92,64,56,13

 62,12,22,0

 44,30,31,0

 39,81,85,3

3.5.3 场景搭配

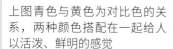

上图青色与黄色为对比色的关系，两种颜色搭配在一起给人以活泼、鲜明的感觉

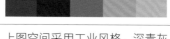
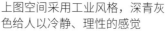

上图空间采用工业风格，深青灰色给人以冷静、理性的感觉

在上图空间中采用青色调的光影作为点缀色，青色与黑色搭配在一起形成一种神秘（或酷炫）的感觉

3.5.4 青色的常见色彩搭配

清幽		白云漫天	
深夜		冲浪	
冰冷湖面		春游	
童真少年		海天一色	

3.5.5 佳作欣赏

3.6 蓝色

3.6.1 认识蓝色

蓝色：蓝色属于冷色调，高纯度的蓝色给人以冷静、理性、安详的感觉，在蓝色中添加白色后颜色逐渐轻快、活泼，在蓝色中添加黑色后颜色变得浑浊，给人的感觉也变得深沉与老练。在办公空间配色中，蓝色的应用也非常广泛，通常会应用在体现现代和严肃的办公空间中。

正面关键词：严肃、冷静、理智、科技、信赖。

负面关键词：压抑、呆板、寂寞、薄情。

蓝色 RGB=0,0,255 CMYK=92,75,0,0	天蓝色 RGB=0,127,255 CMYK=80,50,0,0	蔚蓝色 RGB=4,70,166 CMYK=96,78,1,0	普鲁士蓝 RGB=0,49,83 CMYK=100,88,54,23
矢车菊蓝 RGB=100,149,237 CMYK=64,38,0,0	深蓝 RGB=1,1,114 CMYK=100,100,54,6	道奇蓝 RGB=30,144,255 CMYK=75,40,0,0	宝石蓝 RGB=31,57,153 CMYK=96,87,6,0
午夜蓝 RGB=0,51,102 CMYK=100,91,47,8	皇室蓝 RGB=65,105,225 CMYK=79,60,0,0	浓蓝色 RGB=0,90,120 CMYK=92,65,44,4	蓝黑色 RGB=0,14,42 CMYK=100,99,66,57
爱丽丝蓝 RGB=240,248,255 CMYK=8,2,0,0	水晶蓝 RGB=185,220,237 CMYK=32,6,7,0	孔雀蓝 RGB=0,123,167 CMYK=84,46,25,0	水墨蓝 RGB=73,90,128 CMYK=80,68,37,1

3.6.2 典型案例

左图空间以白色作为主色调，搭配宝石蓝色。宝石蓝色由于其颜色饱和度高，会给人以张扬、鲜明的视觉感受。在该空间中，两种颜色搭配在一起对比鲜明，给人以鲜活、刺激的感觉，作为会议室，可"抵挡听众浓浓的睡意"

 100,99,24,0

 100,95,49,7

20,14,5,0

0,0,0,0

3.6.3 场景搭配

上图空间采用单色调色彩搭配方案，蓝色通常让人联想到科技，所以在这个充满科技感的空间中，使用蓝色是非常合适的

在上图这个小礼堂中，不同明度的蓝色座椅是空间的亮点，形成了活跃、跳跃的视觉感受

上图空间采取明快的天蓝色搭配温暖的亚麻色和橡木色，这种配色方案是蓝色的经典用法，可充分利用蓝色的属性来展现简约又复古，温暖而平静的感觉

3.6.4 蓝色的常见色彩搭配

少男烦恼					记忆深处				
平静生活					天空翱翔				
地中海					天空之城				
天鹅梦					童年				

3.6.5 佳作欣赏

3.7 紫色

3.7.1 认识紫色

紫色：紫色是介于红色与蓝色之间的颜色，在光谱中是人类能看到波长最短的光，代表着高贵、优雅。在紫色中添加白色后，颜色呈现出非常女性化的特点，会给人一种可爱、温柔的感觉；在紫色中添加黑色后，颜色会变得非常中性。

正面关键词：高贵、优雅、温柔、娇弱、浪漫。

负面关键词：抑郁、虚荣、怪异。

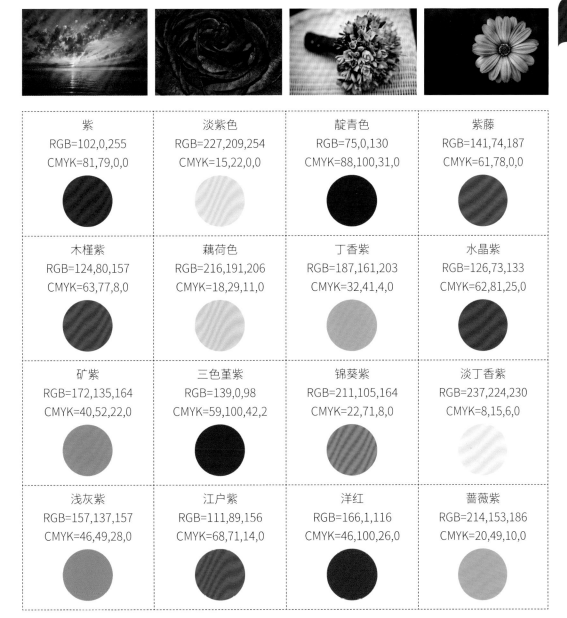

紫 RGB=102,0,255 CMYK=81,79,0,0	淡紫色 RGB=227,209,254 CMYK=15,22,0,0	靛青色 RGB=75,0,130 CMYK=88,100,31,0	紫藤 RGB=141,74,187 CMYK=61,78,0,0
木槿紫 RGB=124,80,157 CMYK=63,77,8,0	藕荷色 RGB=216,191,206 CMYK=18,29,11,0	丁香紫 RGB=187,161,203 CMYK=32,41,4,0	水晶紫 RGB=126,73,133 CMYK=62,81,25,0
矿紫 RGB=172,135,164 CMYK=40,52,22,0	三色堇紫 RGB=139,0,98 CMYK=59,100,42,2	锦葵紫 RGB=211,105,164 CMYK=22,71,8,0	淡丁香紫 RGB=237,224,230 CMYK=8,15,6,0
浅灰紫 RGB=157,137,157 CMYK=46,49,28,0	江户紫 RGB=111,89,156 CMYK=68,71,14,0	洋红 RGB=166,1,116 CMYK=46,100,26,0	蔷薇紫 RGB=214,153,186 CMYK=20,49,10,0

3.7.2 典型案例

左图空间采用紫色调，紫色的壁纸与地毯颜色呼应，整体给人以优雅、高贵的视觉感受。由于紫色的明度较低，所以采用白色的顶棚颜色，并且选择了浅色调的办公家具，这样能够避免颜色过于昏暗所带来的压迫感。该空间采光良好，宽大的落地窗能接纳更多的自然光，并且吊灯和射灯相结合的照明方式让空间中光线呈现出多层次的感觉，作为小型会议室，可启发与会者的创造性

 87,93,70,60

 70,89,22,0

 50,53,18,0

 22,38,40,0

3.7.3 场景搭配

在上图空间中，深洋红色的地毯奠定了整个空间色彩的基调，白色与深洋红色搭配在一起给人以优雅、稳重的感觉

上图白色打底的空间没有过于复杂的设计，紫色的沙发座椅突出可爱、轻巧的气质，深色的背景墙及原木色地板更使跳跃的色彩组合不失沉着、稳重的性格

在上图空间中，紫色调的点缀色为原本冷清的空间增添了一抹亮色，并且使空间中产生了女性独有的温柔、优雅的感觉

3.7.4 紫色的常见色彩搭配

午夜精灵				华丽				
夏威夷				女人花				
优雅女神				丁香花海				
昨夜的梦				棉花糖				

3.7.5 佳作欣赏

3.8 黑、白、灰色

3.8.1 认识黑、白、灰色

黑色：黑色是无彩色中明度最低的颜色，会给人以庄重（或压抑）的感觉。黑色会影响室内的光线，使室内光线变暗，所以在狭小的空间中应尽量避免使用黑色作为主色调。黑色是难以驾驭的颜色，通常会作为点缀色出现在室内设计中，如黑色沙发、黑色柜子等。

正面关键词：力量、品质、大气、豪华、庄严、正式、严肃。

负面关键词：恐怖、阴暗、沉闷、犯罪、暴力、粗粝。

白色：白色"包含着七色所有的波长"，堪称"理想之色"。白色在办公空间中应用非常广泛，无论何种颜色在白色的对比或衬托之下都会变得很鲜明、突出。不过，纯白的空间可以给人一种非常空灵的感觉，有时会给人一种冷清、落寞的感觉，如果想提高室内的温度或调整气氛，可以添加一些有彩色的家具或装饰，让室内气氛活跃起来。

正面关键词：轻盈、干净、简洁、温和、圣洁。

负面关键词：空洞、冷淡、虚无、冷漠、冰冷。

灰色：灰色是介于白色与黑色之间的色调，中庸而低调，同时象征着沉稳而认真的性格。高明度的灰色给人一种干净、休闲的感觉，低明度的灰色则给人营造一种深沉、老练、冷静的氛围。

正面关键词：温和、理性、中庸、谦虚、包容。

负面关键词：压抑、烦躁、肮脏、粗粝。

第 3 章　基础色与空间色彩设计

白 RGB=255,255,255 CMYK=0,0,0,0	月光白 RGB=253,253,239 CMYK=2,1,9,0	雪白 RGB=233,241,246 CMYK=11,4,3,0	象牙白 RGB=255,251,240 CMYK=0,3,8,0
10%亮灰 RGB=230,230,230 CMYK=12,9,9,0	50%灰 RGB=102,102,102 CMYK=67,59,56,6	80%炭灰 RGB=51,51,51 CMYK=79,74,71,45	黑 RGB=0,0,0 CMYK=93,88,89,80

3.8.2 典型案例

左图空间采用极简的设计风格，白色与黑色的搭配与整体的设计风格相统一。白色与黑色形成鲜明的对比，而空间中地面的灰色冲淡了这种对比，整个空间给人的感觉是安静、优雅的

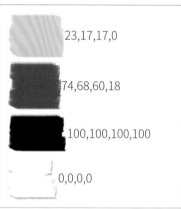

23,17,17,0

74,68,60,18

100,100,100,100

0,0,0,0

3.8.3 场景搭配

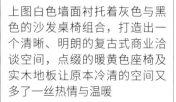

上图白色墙面衬托着灰色与黑色的沙发桌椅组合，打造出一个清晰、明朗的复古式商业洽谈空间，点缀的暖黄色座椅及实木地板让原本冷清的空间又多了一丝热情与温暖

在上面空间中，白色给人以干净、简洁的感觉，在这个空间中白色的灯带让这种感觉得到升华

上图空间整体明度较高，亮灰色给人以亲切、温和、干净的感觉

3.8.4 黑、白、灰色的常见色彩搭配

老练		绅士	
朋克		干练	
失眠的夜		日和风	
暴风雪		安静生活	

3.8.5 佳作欣赏

第4章 办公空间界面的色彩设计

室内空间是由地面、墙面、顶棚三个界面围合而成，这三个部分确定了空间的大小和形状。不同界面之间具有不同的使用功能和特点，但界面材料的选择、色彩的搭配以及细节的处理都需要整体协调，才能形成完美的艺术效果。

4.1 认识办公空间界面

4.1.1 什么是空间界面

室内空间是由地面、墙面、顶棚三个界面围合而成，这三个部分确定了空间的大小和形状。不同界面之间具有不同的使用功能和特点。

4.1.2 办公空间各界面的要求

办公空间界面的要求如下：

（1）要尽量使用经久耐用的材料，同时要考虑其使用期限。

（2）采用防火材料。尽可能选用防火材料，避免使用燃烧时会释放大量浓烟和有毒气体的材料。

（3）无毒、无害。即散发气体及触摸时的有害物质低于核定剂量。

（4）易于制作、安装，便于更新维护。

（5）必要的隔热、保温和隔声、吸声性能。

（6）符合装饰及美观要求。

（7）符合经济要求。

4.1.3 办公空间各界面的功能特点

1. 地面　地面铺装应选择具有耐磨、耐腐蚀、防水、防潮、防滑、静音、隔声、吸声、易清洁特点的材料。

2. 墙面　要求具有可遮挡视线、隔声、吸声、保暖、隔热等功能特点。

3. 顶棚　要求具有质轻、光反射率高、隔声、吸声、保暖、隔热等功能特点。

4.2 办公空间界面装饰设计的原则与要点

4.2.1 办公空间界面装饰设计的原则

1．统一的风格　在整个空间中，各个空间的功能虽然不同，但是整体的装修风格要保持一致。尤其是在配色与装饰上要尽量做到风格统一，才能避免突兀、冲突之感。

2．审美艺术性　设计是对美与艺术的追求，同时也是为业主服务的，所以室内设计要在彰显独特气质与魅力的同时，还要满足业主的审美需求。

3．避免过分突出　办公空间中界面是环境的背景，对办公空间家具和陈设起烘托和陪衬的作用，但若过分重点处理，则会喧宾夺主，反而影响了整体的空间效果。所以，办公空间的界面处理，应以简洁、明快、淡雅为主。

4. 可行性原则 "实践是检验真理的唯一标准"，只有通过施工把设计变成现实，如果不可行，那么"设计也只是纸上谈兵"。

4.2.2 办公空间界面装饰设计的要点

在办公空间设计过程中不仅要考虑色彩的搭配，还需要考虑形状、质感和图案等因素。

1. 形状 在室内空间界面中，形状主要指墙面、地面、顶棚的形状。不同的形状具有不同的性格，例如圆形的边缘为曲线，会给人一种温柔、婉转的感觉；矩形边缘线条凌厉、尖锐，会给人以干净、利落的感觉。

| 椭圆形顶棚的造型与会议桌的形状相呼应 | 玻璃墙面的金属框线条笔直，令人感觉刚劲有力 |

2. 材料 质感是材料给人的印象和感觉，质感与颜色相同，都能使人产生联想。例如纯皮材料触感细腻、厚重，给人的感觉是"高档"与"昂贵"；瓷砖触感冰冷，给人的感觉是"光滑"与"结实"；木、竹、藤等天然材料给人的感觉则是"温和"与"亲切"。

在办公空间界面的装饰设计中，选择材料时首先要对材料的质感有所了解，这样才能合理选用以及搭配。

（1）材料性格要与空间性格相吻合。不同材料有着不同的性格，这些性格也会影响到空间的气氛，所以在材料选择时应该使其性格与办公空间的氛围相匹配。例如突出空间恢宏、大气的感觉，那么可以选择天然材料或金属材料；若要突出空间休闲、放松的感觉可以选用木材、素色壁纸，以及藤、麻等材料。

| 门厅位置选用了大理石，通过这种光滑的材料可以体现出现代感和严肃性 | 空间中原木材料的地面与会议桌整体给人以亲切、舒适的视觉感受 |

（2）充分展示材料自身的内在美。不同材料有不同的美感，尤其是天然材料，它们有着独一无二的花纹、图案、纹理以及色彩，在设计与应用过程中要认识与理解其中的内在美，并将其充分地发挥出来。

| 水泥墙面保留了明显不规则的水泥机理，整体给人一种硬朗的旧工业气息 | 这个会议桌以整块木料切割而成，保留了木材的纹理，给人一种自然与亲切的美感 |

（3）注意材料质感与距离、面积的关系。同种材料，当不同距离、不同面积时，给人的视觉感受也是不同的。例如，金属作为镶边时，给人光彩夺目的感觉，但是大面积应用时则给人厚重、冰冷的感觉。

（4）注意用材的经济性。在材料选择时需要考虑其经济性，应秉承"低价高效"的原则进行材料的选择，也应该注意不同档次的用材配合。

| 清水混凝土的铺装造价相对低廉，耐磨实用并且极具装饰效果，若使用，搭配合理，对整体设计可起到"低价高效"的效果 | 地面和顶棚采用实木，而两侧的储物柜则选用价格相对低廉的三合板实用性强，也便于后期修改、维护，也是"低价高效"的体现 |

3. 图案 装饰性的图案能够烘托室内气氛，甚至表现某种思想和主题。在空间中添加图案需要以整体空间作为出发点，考虑到是否与整个环境协调统一。例如，金融、法律这类较为理性的行业，办公空间中不宜添加太多的图案作为装饰；设计、时尚类公司则可以选择一些线条活泼、颜色鲜艳的图案作为装饰。

（1）图案的用途。图案的用途主要表现在改变空间效果和表现特定气氛两个方面。在空间中，图案是非常重要的视觉语言，它可以通过自身的色相、明度、面积来改变和影响空间。

（2）图案的选择。在选择图案时，应充分考虑空间的大小、形状、用途和"性格"，使装饰与空间的"使用"功能和"精神"功能相一致。在同一空间中，图案宜少不宜多，尤其是办公空间设计中，图案太多容易让人觉得眼花缭乱，分散注意力。

| 文字既能表达信息，又是一种图案，漂亮的文字同样能够装饰空间 | 地毯的图案简约、大方，既能装点空间又不会喧宾夺主 |

| 墙面的暗纹保证了空间色调的统一性，又增加了空间的质感 | 大幅的图案给人一种恢宏、大气的感觉，能够吸引人注意，并为其留下深刻的视觉印象，不过在设计时要与整体风格相统一 |

4.3 办公空间各界面的装饰设计

4.3.1 顶棚装饰设计

顶棚又称为"天花""天棚""平顶"，是室内空间的上部结构，能够将屋面的结构层隐藏起来，具有美观、保温、隔热的功能。顶棚不似墙面、地面时常能够接触到，但是却是室内空间中富于变化和引人注目的界面。

1. 顶棚装饰设计的要求

（1）注意顶棚造型的轻快感。在室内设计中，上轻下重是空间构图稳定感的基础，所以营造轻快感是顶棚装饰设计的基础要求。

（2）满足结构和安全要求。顶棚的装饰设计应该保证装饰部分结构与结构处理的合理性和可靠性，例如与空调、消防、照明等设计、施工工种密切配合，以确保使用的安全，避免意外事故的发生。

（3）满足设备布置的要求。顶棚上部通常会布置很多"内容"，例如通风空调系统、消防系统、电力系统，在设计中必须综合考虑，以满足要求。

（4）满足装饰性需求。在设计中要把握顶棚与整个空间中的关系，要做到既能具有装饰美感，又能与整体环境色彩、风格，以及灯光、材质的统一。

2. 常见办公空间的顶棚形式

（1）平整式顶棚。顶棚表面平整，无凸凹面（包括斜面和曲面）。这种顶棚的平面或曲面通常就是建筑结构下表面，有时是另作"吊顶"。这种顶棚构造简单、装饰便利、处理朴素大方、造价经济，它的艺术感染力主要来自顶面色彩、形状、质地、图案以及灯具的有机配置，多使用于大面积和普通空间的装修装饰，这种顶棚除应用在办公空间外，还常应用在展厅、商店、教室、居室等空间。

（2）悬挂式顶棚。在屋顶(或楼板层)结构下，另吊挂一顶棚，又称"吊顶棚"。这种顶棚可节约空调能源消耗，结构层与吊顶棚之间可作布置设备与管线之用。悬挂式顶棚可以以金属、木质、织物或钢板网格栅作为悬挂物。

1）整体性顶棚。是指顶棚面形成一个整体、没有分格的"吊顶"形式，其龙骨一般为木龙骨或轻钢龙骨，面板采用胶合板、石膏板等。也可在龙骨上先钉灰板条或钢丝网，然后用水泥砂浆抹平形成顶棚。

2）活动式装配顶棚。是将其面板直接搁在龙骨上，通常与倒T形轻钢龙骨配合使用。这种顶棚龙骨外露，形成纵横分格的装饰效果，且施工安装方便，又便于维修，是目前普及应用的一种"吊顶"形式。

3）隐蔽式装配顶棚。是指龙骨不外露，饰面板表面平整，整体效果较好的一种"吊顶"形式。

4）开敞式顶棚。是指通过特定形状的单元体组合而成，顶棚的饰面通常是开敞的，例如木格栅顶和铝合金格栅，具有良好的装饰效果，多用于重要房间的局部装饰。

（3）分层式顶棚。在同一室内空间，根据使用要求，将局部顶棚降低或升高，构成不同形状的分层小空间，或将顶棚构成不同的层次，利用错层处来布置灯槽、送风口等设施。分层式顶棚的特点是简洁大方，与灯具、通风口的结合更加自然。在设计这种顶棚时要特别注意不同层次间的高度差以及每个层次的形状与空间的形状是否相协调。

（4）玻璃顶棚。以玻璃作为顶棚材料能够满足采光要求，打破空间的封闭感，是现代建筑空间中常用的设计手段。不过，玻璃顶棚具有透光性，受到阳光直射容易使室内产生眩光或大量辐射热，而且玻璃易碎又容易砸伤人，因此可视实际情况采用钢化玻璃、有机玻璃、磨砂玻璃、夹钢丝玻璃等。

4.3.2 墙面装饰设计

墙面装饰部位主要是由门、窗、壁构成，由于墙面与人的视线处于垂直方向，面积又比较大，所以在装饰设计上需要重视。

（1）门的设计。仿盗、遮隔和开关空间是门的基本功能。大门是一个空间的门面，既要美观，又要具有仿盗功能。办公室内部的门则拥有更多选择，例如单门、双门、全闭式、旋转式等。

（2）窗的设计。现代化办公室大多讲究简约，空间内墙面可供装饰的部位不多，一组造型独特的窗户，会对整个室内环境的构成起到重要的作用。在窗的设计中应该注意以下几点：

1）结合办公空间艺术表现风格，设计有特色的窗帘盒、窗合板，甚至整套内窗。

2）选用与室内风格相匹配的窗帘，窗帘的材料、造型要符合办公空间的场所特点。

3）适当布置盆栽植物，增加室内生态气息。

（3）壁的设计。办公空间的墙壁通常分三种：一是出于安全和隔声需要所做的实墙，材料通常采用轻钢龙骨纸面石膏板或轻质砖；二是整体或局部镶嵌玻璃的墙壁，包括落地式玻璃间壁、半段式玻璃间壁、局部式落地玻璃间壁；三是用壁柜做间隔墙时的柜背板，这个要注意隔声和防盗的要求。

（4）墙壁装饰的材料。

1）乳胶漆。"乳胶漆"是乳胶涂料的俗称，是以丙烯酸酯共聚乳液为代表的一大类合成树脂乳液涂料。乳胶漆是水分散性涂料，它是以合成树脂乳液为基料，填料经过研磨分散后加入各种助剂而成的涂料。乳胶漆具备了与传统墙面涂料不同的特点，例如易于涂刷、干燥迅速、漆膜耐水、耐擦洗性好等。下图为采用乳胶漆粉饰的办公空间。

2）饰面砖装饰。饰面砖从使用部位上分，主要有外墙砖、内墙砖和特殊部位的艺术造型砖等。从烧制的材料及其工艺来分，主要有陶瓷锦砖（马赛克）、陶质地砖、石塑防滑地砖、瓷质地砖、抛光砖、釉面砖、玻化砖和钒钛黑瓷板地砖等。

饰面砖装饰效果强，品种多样，具有质感细腻、色彩鲜艳、色泽稳定、装饰效果好的特点。下图举例几种适用于办公空间的陶瓷锦砖（马赛克）。

下图为采用饰面砖装饰的办公空间。

3）天然石材饰面。天然石材是指从天然岩体中开采出来的，并经加工形成块状或板状材料的总称。建筑装饰用的天然石材主要有花岗岩和大理石两大类。天然石材饰面具有自然的美感，并且质地坚硬，具有耐久、耐磨的性质，是高档的装修材料，通常会应用在大厅、前台、门厅等"门面"的装饰部位。下图为采用天然石材饰面的办公空间。

4）木质类板材饰面。木质类板材饰面可分为人造薄木贴面与天然木质单板贴面两种。"人造薄木贴面"纹理基本为通直纹理或有规则图案；"天然木质单板贴面"纹理图案自然，变异性比较大、无规则。按成型分类可分为胶合板、实木板、木芯板、密度板、薄木皮装饰板、刨花板等。

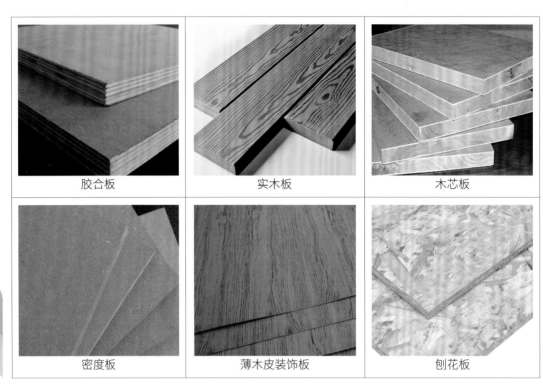

胶合板	实木板	木芯板
密度板	薄木皮装饰板	刨花板

下图为采用实木板作为饰面的办公空间。

5）金属饰面板饰面。金属饰面板包括不锈钢饰面板、钛金板、铝塑复合板，其特点是色泽丰富、效果华丽高雅、光泽持久。同时金属饰面板具有稳定性和耐久性，其可塑性高，且施工简便。

  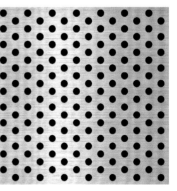

下图为采用金属饰面板作为饰面的办公空间。

采用金属网作为隔断

采用铜材质作为前台的背景墙

6）玻璃饰面。玻璃饰面被广泛应用在室内空间设计中，是非常重要的现代装饰材料。玻璃饰面具有隔风、透光、强化艺术表现力的作用。在办公空间中，玻璃饰面通常用作墙面与隔断。常见的玻璃饰面包括平板玻璃、磨砂玻璃、压花玻璃、彩釉玻璃、 夹胶玻璃、钢化玻璃等。

| 平板玻璃 | 磨砂玻璃 | 压花玻璃 |
| 彩釉玻璃 | 夹胶玻璃 | 钢化玻璃 |

下图为采用平板玻璃做为隔断墙的办公空间。

7）壁纸饰面。壁纸，也称为"墙纸"，它是一种应用相当广泛的室内装饰材料。壁纸饰面可对墙面起到很好的遮掩和保护作用，并且壁纸色彩多样、图案丰富，也具有良好的装饰作用。通常用漂白化学木浆生产原纸，再经不同工序的加工处理，例如涂布、印刷、压纹或表面覆塑，最后经裁切、包装后出厂。壁纸种类多样，如涂布壁纸、覆膜壁纸、压花壁纸等，产品类型有纸基胶棉、纯纸、PVC墙纸、布底胶面、金属类墙纸、墙布、植绒墙纸、发泡墙纸等。下图为色彩多样、图案丰富的壁纸。

下图为采用壁纸的办公空间。

8）软包饰面。软包是指一种在室内墙表面用柔性材料加以包装的墙面装饰方法。软包所使用的材料质地柔软、色彩柔和，能够柔化整体空间氛围，其纵深的立体感也能提升空间档次。软包面料主要使用轧花织物或人造革，填充物主要使用轻质不燃多孔材料，例如玻璃棉、岩棉、自熄型泡沫塑料等。软包饰面适用于有吸音要求的会议厅、多功能厅、娱乐厅等空间。下图为采用软包饰面的办公空间。

4.3.3 地面装饰设计

地面在人的视线范围内所占的面积比例较大，在装饰上需要精心设计，不仅在颜色的选择上需要花心思，还需要考虑铺装的材料与质感。不仅如此，地面装饰还应考虑耐磨性、防水性、防滑性、防潮性、管线铺设，以及与设备连接等问题。

地面装饰设计的常见类型

（1）铺天然石材。天然石材纹理自然，效果恢宏、大气，用于办公空间地面装饰的天然石材主要有花岗岩、大理石等。下图为采用天然石材装饰的地面。

1）花岗岩。花岗岩主要由石英或长石等矿物组成。因为花岗岩是深成岩，常能形成发育良好、肉眼可辨的矿物颗粒。花岗岩不易风化，颜色美观，外观色泽保持长久，由于其硬度高、耐磨损，除了用作高级建筑装饰工程、大厅地面外，还是露天雕刻的首选之材，在很多办公空间设计中会运用雕塑作"点睛之笔"。

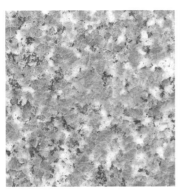

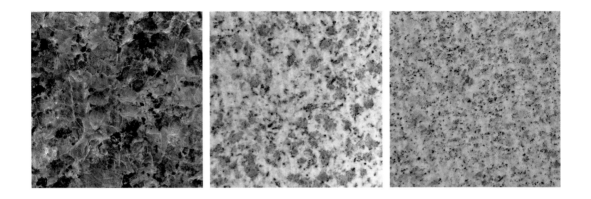

2）大理石。大理石是白色带有黑色花纹的石灰岩，其色彩纹理一般可分为"云灰""单色"和"彩花"三大类。合理运用大理石装饰地面可以给人一种富丽堂皇、光洁细腻的感觉，在办公空间中常用于大堂或前台设计中。

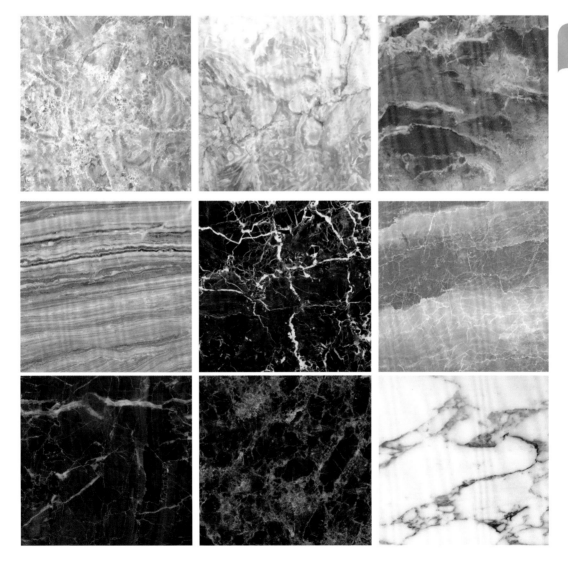

（2）陶瓷地砖。陶瓷砖是由黏土和其他无机非金属原料，经成型、烧结等工艺生产的板状或块状陶瓷制品。陶瓷地砖表面光滑、质地坚硬，具有耐磨、耐酸碱、防水的特点。常用于办公空间的陶瓷地砖有通体砖、抛光砖、玻化砖、仿古砖等。下图为在地面铺设陶瓷砖的办公空间。

1）通体砖。又名无釉砖，是将岩石碎屑经过高压压制而成，表面抛光后坚硬度可与石材相比，吸水率则更低，且耐磨性好。通体砖的表面不上釉，而且正面和反面的材质和色泽一致，因此得名。由于目前的室内设计越来越倾向于素色设计，因此通体砖逐渐成为一种时尚。

2）抛光砖。抛光砖就是将通体砖坯体的表面进行打磨而成的一种光亮砖，属于通体砖的一种。抛光砖的表面更光洁，其耐磨性好，能够做出仿石、仿木效果。

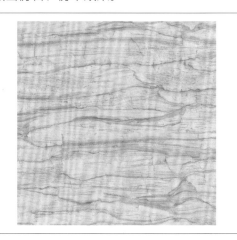

| 仿大理石纹抛光砖 | 仿木纹抛光砖 |

3）玻化砖。玻化砖又名瓷质抛光砖，与抛光砖相似，也是将通体砖坯体的表面进行打磨而成的一种光亮的砖。玻化砖不但具有天然石材的质感，还具有耐磨、吸水率低、色差少、色彩丰富等优点。

4）仿古砖。仿古砖是釉面瓷砖的一种，与普通的釉面砖相比，其差别主要表现在釉料的色彩上面。仿古砖的花色有纹理，类似石材贴面用久后的效果。

（3）铺木地板。木地板具有易清洁、保温隔热、吸声性能好、脚感舒适等特点，在办公空间设计中也多有使用。地板的分类有很多，按结构分类有：实木地板、强化复合木地板、竹木地板、软木地板以及塑料地板等。下图为在地面铺设地板的办公空间。

1）实木地板。实木地板又名原木地板，是用实木直接加工成的地板。它具有木材自然生长的纹理，保留本色韵味。其颜色较为单纯，大致可分为红色系、褐色(咖啡色)系、黄色系。

2）强化复合木地板。强化复合地板由耐磨层、装饰层、基层、平衡层组成。高档的强化复合地板纹理清晰度高，花色更逼真，甚至连木纹结疤和纹理细节都与真实的木材相差无几。

3）竹木地板。竹木地板是竹材与木材复合再生产物，用于住宅、写字楼等场所的地面装修。竹木地板的面板和底板，采用竹材，而其芯层多为杉木、樟木等木材。竹木地板外观自然清新、纹理细腻流畅，具有防潮、防湿、防腐蚀等性能，其韧性强、有弹性。

4）软木地板。软木地板柔软、舒适、耐磨，对老人和小孩的意外摔倒，可提供缓冲作用，且其独有的隔音效果和保温性能也非常适合应用于会议室、图书馆、录音棚等场所。

5）塑料地板。塑料地板可分为块材（或地板砖）和卷材（或地板革）两种；按其材质可分为硬质、半硬质和软质（弹性）三种；按其基本原料可分为聚氯乙烯塑料、聚乙烯塑料和聚丙烯塑料等。

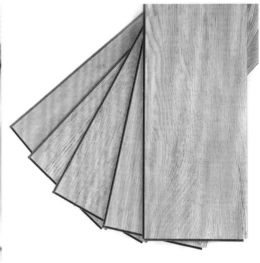

（4）地毯。地毯是以棉、麻、毛、丝、草等天然纤维或化学合成纤维类原料，经手工或机械工艺进行编结、栽绒或纺织而成的地面铺设物。地毯弹性好，耐脏、不怕踩、不褪色、不变形。特别是其具有储尘的能力，当灰尘落到地毯之后，就不再飞扬，因而它又可以净化室内空气，美化室内环境。地毯具有质地柔软、脚感舒适的特点。按照地毯铺设方法可以分为满铺地毯、块毯、拼块毯等。下图为使用地毯的办公空间。

——办公空间色彩搭配解剖书

1）满铺地毯。"满铺"是指将空间地面全部铺满，铺设场所的室宽超过毯宽时，可以根据室内面积的条件通过裁剪拼接的方法以达到满铺要求，地毯的底面可以直接与地面粘合，也可以绷紧毯面以减少地毯与地面之间的滑移，还可采用钉子定位于四周墙根的方法。满铺地毯一般用于会议室、办公室、大厅、走廊等场合。下图为采用"满铺地毯"的办公空间。

2）块毯。块毯铺在地面上，与地面并不粘合，可以任意、随时铺开或卷起存放。块毯通常为机织地毯，做工精细、花形图案复杂多彩，局部装饰效果好，有时可起到"点亮空间"的作用。在办公空间可用于独立办公室、小型会议室、休息间等。下图为采用"块毯"的办公空间。

3）拼块毯。拼块地毯俗称"方块地毯"，又名"拼装地毯"，它是以弹性复合材料作背衬并切割成正方形的新型铺地材料。成品有一定硬挺度，铺设时可以与地面粘合，也可以直铺地面。拼块毯的结构稳定，美观大方，毯面可以印花或压成花纹，便于运输、安装及拆除更换，具有耐磨、静音、防污、吸尘的特点。可应用于大面积铺设的空间或场地。下图为采用"拼块毯"的办公空间。

（5）环氧地坪。环氧地坪是用环氧树脂为主材，将固化剂、稀释剂、溶剂、分散剂、消泡剂及填料等混合加工而成的环氧地坪漆。环氧地坪具有耐强酸碱、耐磨、耐压、耐冲击、防霉、防水、防尘、止滑以及防静电、电磁波等特性，颜色亮丽多样，清洁容易。环氧地坪采用一次性涂覆工艺，不会存在连接缝，而且其还是一种无灰尘材料。在办公空间，多用于通道、走廊、活动室等，下图为采用"环氧地坪"的办公空间。

第5章　办公空间的色彩设计

从业务的角度考虑，大多的平面布局顺序应该是从门厅进行到接待区，然后进入工作洽谈区或者工作区，然后是会议室，一般领导办公室都位于空间的最内部。合理的平面布局有利于工作的安排与开展，以及各部门之间的协作。

5.1 门厅

　　门厅是一个企业的门面，人们对一家企业的了解通常是从门厅开始的，所以一个良好的门厅设计是非常重要的。在门厅设计中应该直接反映公司的文化氛围和企业规模，除了一些必要设施之外，还需注意色调的配合和软装的布置。

　　门厅虽然是企业的门面，但是面积要适度，面积过大会浪费空间，面积过小会显得局促、狭窄影响企业形象。在门厅中一般会安排前台接待区，也可根据需要和条件安排临时休息区。

第5章　办公空间的色彩设计

5.1.1 门厅——亲切

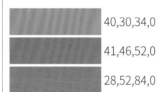

色彩说明： 左图空间采用浅黄色调，整体给人以温暖、亲切、舒适的视觉感受，这样的色彩搭配能减轻访客的拘束感

设计理念： 前台立面和背景墙采用木饰面，带有自然机理的饰面散发着独特的美感

1. 暖色调的灯光更加烘托了温暖、亲切的氛围
2. 在开放的空间中，利用背景墙和顶棚区分前台与休息区
3. 水泥地面上加铺透明的环氧地坪，既耐磨，又保留了水泥独特的纹理

40,30,34,0

41,46,52,0

28,52,84,0

色彩延伸：

5.1.2 门厅——简约

色彩说明： 左图空间整体采用高明度的配色方案，白色的前台色彩明度高，是整个空间的亮点

设计理念： 空间几何感超强的前台给人以现代感与时尚感。前台下方白色的灯带让空间变得更有韵律

1. 前台的颜色与背景墙色调相呼应
2. 随机摆放的吊灯既保证了照明，又让空间充满了动感
3. 米色调的地面与浅黄色的墙面、顶棚属于同一色系，形成协调的视觉感受

29,34,45,0

72,74,100,55

7,5,5,0

色彩延伸：

5.1.3 门厅——个性

色彩说明： 左图空间属于灰色调，利用青绿色作为点缀色调，有彩色与无彩色直接形成鲜明的对比效果

设计理念： 空间属于工业风格，利用金属管作为背景墙，将前台空间从开阔的空间中分离出来

1. 利用灯光装饰背景墙既能突出企业的标准色，又能减少金属的冰冷感
2. 从顶棚垂直到地面的金属杆增加了空间纵深感
3. 黑色大理石的前台给人以严肃、理性的视觉感受

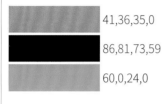

41,36,35,0

86,81,73,59

60,0,24,0

色彩延伸：

5.1.4 门厅——理性

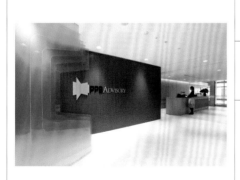

色彩说明： 左图空间整体为高明度色彩基调，以灰色作为辅助色，青色为点缀色，整个空间给人一种大气、理性的视觉感受

设计理念： 从入门就看到一面带有企业标志的背景墙，能够加深访客的印象，带给人一种值得信任的感受

1. 企业背景墙能够彰显企业文化和实力，更容易取得访客的信任
2. 青色的装饰与企业标志相呼应，丰富了整个空间色彩，让空间色调变得丰富而又不缺乏内涵
3. 空间采光良好，基础照明和装饰照明相结合，使光影具有层次感

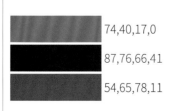

74,40,17,0

87,76,66,41

54,65,78,11

色彩延伸：

5.1.5 色彩搭配实例

双色搭配	三色搭配	多色搭配

5.1.6 佳作欣赏

说图
解色

——办公空间色彩搭配解剖书

5.2 接待室和接待区

接待室也被称为洽谈室，是接待访客的空间。在接待室的设计中既要注重美观，又要反映出企业的特色和形象。接待室的面积不宜过大，通常在十几平方米至几十平方米之间。在接待室中通常摆放茶几和沙发，还可安装投影仪或电视机，并可根据需要预留陈列柜，用来摆设产品或证书等用来彰显企业实力的物品。如果没有独立的接待室，企业也会安排接待区。接待区一般位于门厅中，通过吊灯、地毯等元素来划分空间。

5.2.1 接待室——轻快

色彩说明： 左图空间以白色作为主色调，加之采光良好，整个空间给人的第一印象是宽敞、明亮。深色地毯划分了空间的区域，明黄色的沙发点亮了空间色彩

设计理念： 作为接待室，该空间色调轻快、活泼，暖色的沙发更让人倍感温暖，这样的设计可以减轻访客的拘束感

1. 空间没有做"吊顶"，而是将裸露的顶棚和风道涂成了白色，一方面保留了空间的纵深感，另一方面可以给人留下"轻工业风"的感觉
2. 在空间添加绿色植物，一方面能够美化环境、填补空白空间，另一方面可以净化空气，使人感到放松
3. 带有民族风情图案的地毯是空间的一大亮点

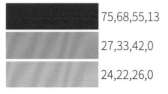

18,47,96,0

89,85,72,62

17,14,5,0

色彩延伸：

5.2.2 接待区——正式

色彩说明： 左图空间以浅卡其色作为主色调，整体的色彩倾向为暖色调，可以给人以舒适、温和的感觉

设计理念： 这是一个开放式的接待区，虽然不及封闭空间的私密性好，但是面积宽敞、功能性强，便于使用时的"二次布置"

1. 真皮沙发做工精良，能够提升空间的档次
2. 多层次的光源能够烘托空间的氛围
3. 深色调的家具增加了空间色彩的对比，使色彩空间更有层次感

75,68,55,13

27,33,42,0

24,22,26,0

色彩延伸：

5.2.3 接待室——个性

色彩说明: 左图空间以浅灰色为主色调,以黄色和红色为辅助色,整个空间给人的感觉是个性和独特

设计理念: 在这个空间中,墙壁上的壁画是空间的亮点,壁画的篇幅大概占了墙面的三分之二,有一定的留白空间,增加了空间的纵深感

1. 个性鲜明的接待室一定可以让访客留下深刻的印象
2. 草编的地毯令人感觉到质朴、自然
3. 整个空间色彩明度高,呈现暖色调,让人觉得温暖和舒适

25,20,93,0

28,22,22,0

10,94,96,0

色彩延伸:

5.2.4 接待室——鲜明

色彩说明: 左图空间为冷色调,蓝色搭配白色给人一种理性、睿智的感觉

设计理念: 这是一个半开放式的接待室,宽敞、舒适的环境体现了企业的实力,这样的设计更容易取得客户的信任

1. 干净、利落的线条充满了整个空间
2. 浅黄色的茶几为这个冷色调的空间带来一丝温暖的感觉
3. 茶几上、角落中的绿色植物让人感觉到勃勃生机

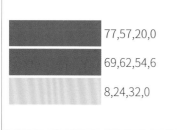

77,57,20,0

69,62,54,6

8,24,32,0

色彩延伸:

5.2.5 色彩搭配实例

双色搭配	三色搭配	四色搭配

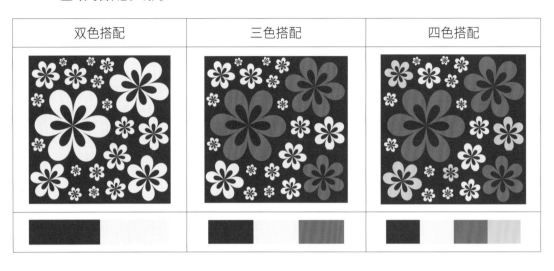

5.2.6 佳作欣赏

——办公空间色彩搭配解剖书

5.3 工作空间

工作空间的设计需要根据工作需求和部门人数，并应参考建筑结构来设定面积和位置。职能不同，所安排的位置也不同，例如对外洽谈部门工作空间的位置适合位于靠近门厅或接待室的位置。如果需要计算、统筹、设计等部门则需要一个安排在相对安静的空间。在工作空间中室内的布局大多体现在办公家具的摆放上，如果办公空间较小，就需要合理摆放办公家具才能充分利用空间；如果办公空间足够大，就可以选用异形的办公家具来实现设计表达。

5.3.1 工作空间——自然

色彩说明： 左图空间采用高明度色彩基调，以大面积的白色作为底色，以浅黄色作为辅助色，以绿色作为点缀色，整体给人的感觉是自然和纯粹

设计理念： 空间采用北欧风格，追求天然的质感，注重装修材料的品质以及对细节的处理，在这样的空间中办公让人心情舒畅

1. 空间利用地面铺装进行区域的划分，铺设地板的区域为办公区
2. 异形的办公桌造型独特，可以容纳多人同时办公
3. 整个空间色彩明度高，再加上采光良好，给人以轻松、舒畅的感觉

26,35,50,0

46,42,45,0

80,49,100,12

色彩延伸：

5.3.2 工作空间——沉稳

色彩说明： 左图空间以"无彩色"进行配色，灰色调的色彩基调给人以沉稳、理性的感觉

设计理念： 空间采用现代装修风格，简化了空间的装饰，能够减少环境对员工的影响，使员工更加专心地工作

1. 地面铺设的地毯能够提高人的舒适感，同时具备吸声、吸尘的作用
2. 良好的采光能够减轻深色调的压抑感
3. 浅色调的办公家具可以提高空间的色彩明度

71,65,61,15

28,29,29,0

20,17,17,0

色彩延伸：

5.3.3 工作空间——安静

色彩说明： 左图空间属于高明度色彩基调，整体色彩为纯白色，给人以安静、优雅的感觉。搭配深色的地板和办公桌，让原本轻柔的色彩多了几份厚重感

设计理念： 空间采用对称布局方式，以入口为中轴线，利用办公家具、天花板的图案以及灯饰作为对称元素，整体给人以严谨、庄重的美感

1. 这个办公空间相对狭窄，将办公家具进行合理的摆放组合能够更加充分地利用空间
2. 办公桌与地板的颜色属于同一色系，给人以和谐、舒适的感觉
3. 墙面的装饰和天花板的花纹让空间的氛围变得复古和浪漫

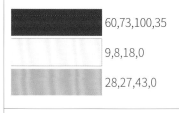

60,73,100,35

9,8,18,0

28,27,43,0

色彩延伸：

5.3.4 工作空间——愉悦

色彩说明： 左图空间属于高明度、低纯度的色彩基调，清新、淡雅的薄荷绿让人联想到夏天。这样清新的色调应用在办公空间，能够使人心情愉悦，感到轻松

设计理念： 在空间中员工之间的距离比较紧凑，这样可方便人与人之间的交流与沟通，从而激发更多的灵感

1. 圆形的吊灯造型简单，但既可以做为对称元素，又可以丰富空间内的形状
2. 定制的桌面与地毯的颜色相同，使空间的颜色最大限度地得到统一
3. 空间的色彩搭配形式适合于以女性为服务对象的公司，或者女员工较多的公司

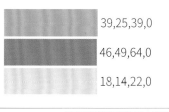

39,25,39,0

46,49,64,0

18,14,22,0

色彩延伸：

5.3.5 色彩搭配实例

双色搭配	三色搭配	四色搭配
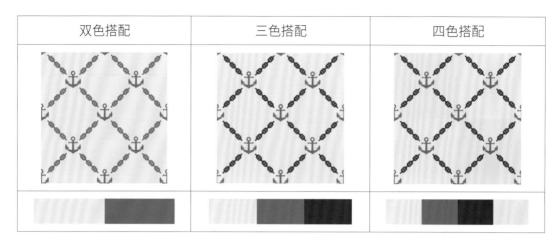		

5.3.6 佳作欣赏

5.4 领导办公室

　　领导办公室设计与员工办公室设计会有所区别，并且领导的职位不同装修档次也不同。通常领导办公室会是一个独立的封闭空间，一方面安静的工作环境有利于提高工作效率，另一方面在领导办公室中会存放企业机密或需要进行私密的沟通会谈，所以封闭的空间更加合适。领导办公室的设计风格要美观大方，还要体现企业形象，能够起到宣传的作用。除此之外，办公室设计布置要追求高雅而非豪华，切勿给人留下俗气的印象。

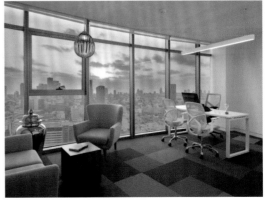

5.4.1 领导办公室——优雅

色彩说明： 左图空间采用高明度的色彩基调，整体色调属于浅灰色系，颜色对比较弱，给人以温和、优雅的感觉

设计理念： 化繁为简的设计营造了一个安静温馨的办公氛围，可以体现"优雅"和"亲和力"的领导风格

1. 窗帘的色调与整个空间的色调相统一，具有烘托室内气氛的作用
2. 暖色调的桌子和吊灯让原本偏冷调的空间多了几分温暖
3. 实木的地板和办公桌带有独特的纹理，具有自然的美感

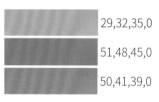

29,32,35,0

51,48,45,0

50,41,39,0

色彩延伸：

5.4.2 领导办公室——庄重

色彩说明： 左图空间以灰色为主色调，以黑色为辅助色，整个空间给人以庄重、严肃的感觉，具有一定的"震慑力"

设计理念： 空间属于工业风格，水泥地面、玻璃隔断、大理石的茶几都展现了简约的几何美感

1. 真皮沙发舒适、耐用，提升了空间的档次
2. 抽象风格的壁画具有"打破沉闷感"的作用
3. 磨砂玻璃材质的隔断既美观，又能保证一定的隐私

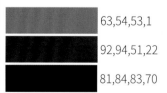

63,54,53,1

92,94,51,22

81,84,83,70

色彩延伸：

5.4.3 领导办公室——个性

色彩说明:	左图空间以浅灰色为主色调,色彩对比较弱,给人以柔和、安静,略带冷清的视觉感受,这种色调能够让人"头脑清醒"地去工作
设计理念:	棚顶裸露的电线、通风道,其色调统一成白色,属于"轻工业风"的设计方案

1. 墙面是将空心砖"粉饰"成浅灰色,给人一种"原生态"的感觉
2. 整个空间光源层次分明,多个直接照明光源供人选择,让办公条件更人性化
3. 灰调的空间不免会让人感觉单调,浅黄的家具和淡紫色的沙发增加了空间的生活气息

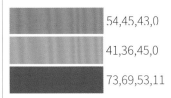

54,45,43,0

41,36,45,0

73,69,53,11

色彩延伸:

5.4.4 领导办公室——现代

色彩说明:	左图空间以黄褐色为主色调,以青灰色为辅助色,整个空间给人的感觉是知性和理智
设计理念:	整个空间较为宽敞,办公桌位于空间的一角,整个空间一览无余。空间功能性较强,办公区及会客区"和谐组合"

1. 落地窗采光虽然好,但是太强的光线会产生眩光,半透明的纱帘能够过滤掉一部分的光线,使原本刺眼的光线柔和了许多
2. 地面拼块地毯造价低廉,但效果出众,且脚感舒适,让人得到放松
3. 空间摆设几株绿色植物既能够美化环境,又能让人心情舒畅

42,56,72,0

86,72,53,15

0,0,0,0

色彩延伸:

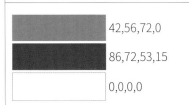

5.4.5 色彩搭配实例

双色搭配	三色搭配	四色搭配

5.4.6 佳作欣赏

5.5 会议室

　　会议室是员工开会或客户交谈的空间，在会议室中通常会有会议桌、座椅这类比较"占地"的办公家具，有时根据功能的不同还要考虑提供多媒体设备。会议室面积的大小和设施取决于使用需求，例如使用人数在30人以内，可以使用矩形、椭圆形、船形的会议桌；如果人数较多，还需设主席台。

5.5.1 会议室——严肃

	色彩说明： 左图空间以黑色搭配黄褐色，整个空间色彩明度低，给人以深沉、稳重、严肃的感觉
	设计理念： 这是一个中型会议室，长方形的会议桌简约、大气，加之整体色调偏暗，给人以严肃、理性的感觉
	1. 柔软的地毯可以提升空间的档次，还具有吸声的作用 2. 黄褐色的座椅与空间色调相呼应 3. 室外光线能够通过玻璃隔断进入门厅，减少了压抑感

57,47,41,0

83,80,72,54

58,64,75,15

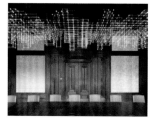

色彩延伸：

5.5.2 会议室——轻松

	色彩说明： 左图空间以白色作为主色调，以黑色作为辅助色，以饱和度极高的红、黄、蓝、绿作为点缀色，整个空间给人一种轻松、愉快的视觉感受
	设计理念： 这是一个小型会议室，能够容纳10人左右，紧凑的格局反倒能够拉近人与人之间的距离
	1. 白色与黑色形成鲜明的对比，尤其是空间中规则的黑色线条，是空间装饰的特色之一 2. 办公桌上积木玩具点亮了空间，在探讨中激发出灵感 3. 白色调的空间加之光照良好，就算空间面积小，也不会有压抑、沉闷之感

19,31,84,0

91,71,0,0

92,62,100,46

色彩延伸：

5.5.3 会议室——理性

色彩说明：左图空间以深灰色搭配黄褐色，通过"有彩色"与"无彩色"的搭配，在色相上形成对比，让空间形成理性、安静的氛围

设计理念：空间狭长，通过合理的平面布局，充分利用空间，面积虽小但功能齐全

1. 可以折叠的隔断让空间更加灵活
2. 吊灯的走向与办公桌相呼应
3. 灰色调应用在空间中给人以"冷"的感觉，利用黄褐色作为辅助色，能够让空间气氛温暖起来

50,60,93,8

80,75,75,55

18,20,25,0

色彩延伸：

5.5.4 会议室——现代

色彩说明：左图空间采用高明度色彩基调，白色搭配米色整体给人以轻柔、舒适的心理感受

设计理念：这是一个小型办公室，以适合部门或小组使用。空间采用现代风格，给人以时尚、前卫的感觉

1. 以乒乓球台作为办公桌，以乒乓球装饰前面和吊灯，这些元素可以体现企业性质亦或者为会议提供"轻松"的氛围
2. 座椅的颜色选用了白色，统一了空间的色调
3. 灰色的地面让空间的视觉效果更加沉稳

41,47,54,0

75,67,60,17

6,6,6,0

色彩延伸：

5.5.5 色彩搭配实例

双色搭配	三色搭配	多色搭配
![双色搭配图案]	![三色搭配图案]	![多色搭配图案]
![双色色块]	![三色色块]	![多色色块]

5.5.6 佳作欣赏

第6章　公共空间的色彩设计

在办公空间的设计中，除了最基本的办公空间之外，还要根据需求安排"个性化"的空间，这些空间既是整个办公空间的一部分，同时又具有自身的独特性。在颜色搭配和设计风格的选择上既要与整体风格相统一，又要根据空间自身的特点选择属于自己的风格和配色。

6.1 通道

　　办公空间的通道要根据实际的空间进行规划，合理的通道布局能够引导人畅通无阻地到达每个空间，并且要符合相关规范的要求。

　　通道规划要遵从以下原则：

　　（1）合理的通道宽度。避免过宽或过窄，确保人流安全便捷通过，又不至于浪费面积造成空旷的感觉。

　　（2）少角落。通道途中拐弯的方向要少。

　　（3）采光要好。通常不临近窗户，所以光照要充足，尤其是主通道，人员流动性大，充沛的照明能够增加空间的舒适度，避免压抑感。

说图解色

——办公空间色彩搭配解剖书

6.1.1 通道——简洁

色彩说明： 左图空间采用高明度色彩搭配，整个空间以白色与灰色作为主色调，以紫灰色作为点缀色，整个空间给人的感觉是安静和理性的感觉

设计理念： 较大的办公区域，对称布置，整洁大气，通道用工位隔断分隔而成，让人感觉传统且通透感很强

1. 空间采用对称式布局，视觉效果严谨、和谐
2. 1.5米高的隔断既能保证隐私，又不会影响视线
3. 拼块地毯造价低廉，颜色丰富，看似随意的紫色装饰却为空间增添了一抹活泼之感

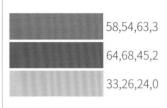

58,54,63,3

64,68,45,2

33,26,24,0

色彩延伸：

6.1.2 通道——趣味

色彩说明： 左图空间以绿色为主色调，清新的绿色调视觉效果活泼、灵动，在这个工业风格的空间中显得格外的显眼和突出

设计理念： 这个通道通过装饰画的形式丰富空间的颜色和视觉元素

1. 顶棚裸露的管线形成独特的视觉效果
2. 带有企业标志的装饰画可以作为企业的文化墙，既能彰显企业文化，也能装饰空间
3. 在这个通道中，以灰色的地毯进行空间的划分

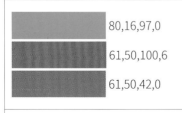

80,16,97,0

61,50,100,6

61,50,42,0

色彩延伸：

6.1.3 通道——宽敞

色彩说明：左图空间采用暖色调的配色方案，整体给人一种放松、舒适的视觉印象

设计理念：空间举架较高，暖色调的配色能够减轻室内空间的空旷感

1. 在该空间中以地板和地毯来区分工作区和通道
2. 裸露的房屋结构形成独特的视觉效果，给人以原始、质朴的视觉感受
3. 空间将木材的柔和色彩、细密质感以及天然纹理非常自然地融入空间中，形成温暖、舒适的氛围

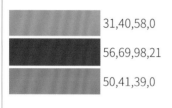

31,40,58,0

56,69,98,21

50,41,39,0

色彩延伸：

6.1.4 通道——静谧

色彩说明：左图空间采用统一的灰色调，整体给人一种冰冷、理性的视觉感受

设计理念：通道足够宽敞，可以双向行走。良好的照明显得通道非常明亮，通过玻璃隔断可以看到其他空间，能够避免时间上的拥堵感

1. 墙面的灯带让空间有节奏感
2. 墙面的造型和装饰画能够起到展示设计、美化空间的作用
3. 墙面的一侧安装了柜子，具有储物、收纳的功能，可以充分利用空间

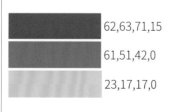

62,63,71,15

61,51,42,0

23,17,17,0

色彩延伸：

6.1.5 色彩搭配实例

双色搭配	三色搭配	四色搭配

6.1.6 佳作欣赏

6.2 交流区

　　交流区的使用范围比较灵活，可以临时开个小会议，或者用来招待客人，还可用来休息。交流区没有会议室那么正式，所以在设计上应尽量采用活泼、有趣的设计手法

6.2.1 交流区——活力

色彩说明： 左图空间采用对比色的配色方案，黄色和红色的搭配给人以活力、激情的感觉，在这样一个环境中，人的思维会变得更加活跃

设计理念： 将一个大空间的角落作为交流区，能够充分利用空间，并能强化空间的功能性

1. 空间墙面为黄色，所以选择了黄色的凳子，达到视觉上的统一感
2. 整个空间白色所占的面积较大，能够缓冲颜色对比较强的效果
3. 地面红色调的地毯具有装饰和划分空间的双重作用

10,48,72,0

17,30,72,0

47,100,100,19

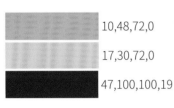

色彩延伸：

6.2.2 交流区——创意

色彩说明： 左图空间以无彩色搭配有彩色，整体色彩对比鲜明，有彩色颜色纯度较高，给人以活泼、愉悦的视觉感受

设计理念： 这个交流区被分为了多个隔间，能够容纳1~4人，半开放的空间有一定的私密性，并且不会相互打扰

1. 交流区的入口被制作成树叶形状，兼顾形式美感与需要
2. 每个交流区都有自己的颜色，从外观上很容易区分
3. 每个小隔间都有属于自己的颜色，墙面、桌子、椅子采用统一的色调

87,81,68,50

71,93,38,2

17,66,64,0

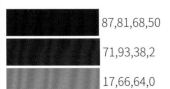

色彩延伸：

6.2.3 交流区——安逸

色彩说明: 左图空间采用冷色调,淡青色调的配色给人以清新、凉爽的感觉,让人感觉仿佛是在夏日清凉的海边

设计理念: 这是一个集交流与休息一身的区域,整个空间给人的感觉是十分舒适、安逸的,在这样一个空间进行交流能够减轻约束感,让人畅所欲言

1. 空间中以柔和的光线为空间营造静谧安定的气息
2. 无缝拼接的壁纸画影响了整个空间的氛围,这种壁纸画效果出众,更新换代方便
3. 懒人沙发增加了空间的舒适度

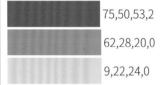

75,50,53,2

62,28,20,0

9,22,24,0

色彩延伸:

6.2.4 交流区——安静

办公空间色彩搭配解剖书

色彩说明: 左图黑色的墙面、顶棚搭配浅黄色的地板,颜色对比强烈、鲜明

设计理念: 在空间的角落随意安放了桌椅形成一个临时的交流区,既能用来交流,也能用来休息

1. 植物墙是空间的一大亮点,让空间更加贴近于大自然
2. 白色座椅、茶几增加了空间的颜色对比,丰富了空间的层次
3. 空间采用工业风格,整体效果简单、随意

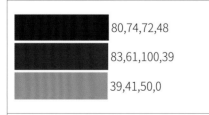

80,74,72,48

83,61,100,39

39,41,50,0

色彩延伸:

6.2.5 色彩搭配实例

双色搭配	三色搭配	多色搭配

6.2.6 佳作欣赏

6.3 餐饮区

　　餐饮区包括就餐区和茶水区，这个区域要求宽敞、通风、明亮、洁净等，大门应保持畅通，方便人员集中和疏散。

6.3.1 餐饮区——干净

色彩说明： 左图空间色调为纯白色，整体明度较高，给人以干净、整洁的视觉感受

设计理念： 这是一个简单的茶水间，开放式的布局让可利用的空间变大

1. 白色为空间赋予简洁与舒适
2. 柜子下的灯带既能用来照明，还能丰富空间的层次
3. 白色的空间与黑色的地面形成鲜明的对比

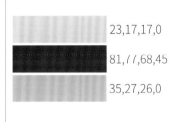

23,17,17,0

81,77,68,45

35,27,26,0

色彩延伸：

6.3.2 餐饮区——活泼

色彩说明： 左图空间采用高明度色彩基调，黄绿色与浅黄色的搭配形成对比，给人以活泼、温馨的感觉

设计理念： 这是一个就餐区，狭长的餐桌符合空间的布局，相对狭小的空间可以增加人与人之间的互动与交流

1. 墙面上曲线造型的木饰面为空间带来动感
2. 空间以黄绿色作为点缀色，给人以清新、朝气的心理感受
3. 白色的顶棚和白色的灯光形成统一的视觉感受

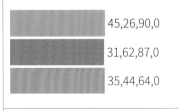

45,26,90,0

31,62,87,0

35,44,64,0

色彩延伸：

6.3.3 餐饮区——温馨

色彩说明： 左图空间以浅黄色为主色调，这种颜色明度较高，所以整个空间给人以明亮、温馨的感觉

设计理念： 这个空间餐桌与厨房相连，这种布局方式在家居中经常看到，所以给人一种回家的温馨之感

1. 空间用浅黄色与浅橄榄绿色进行搭配，并佐以些许间接光源打造柔和自在气韵
2. 木质的餐桌让人加深自然感知
3. 拼花的实木地板让空间视觉效果更加丰富

55,51,72,2

60,61,65,8

37,40,59,0

色彩延伸：

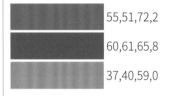

6.3.4 餐饮区——素雅

色彩说明： 左图空间以浅木色搭配绿色，整个空间给人一种素雅、温柔的视觉感受

设计理念： 这是一个较为宽敞的就餐空间，横向的布局方式充分利用了空间

1. 通过木格栅进行空间的划分，带有透光性木格栅让空间更"透气"
2. 绿色为点缀色，与浅黄色为对比色的关系
3. 绿色的椅子规律性摆放为空间带来韵律感

64,38,51,0

39,43,52,0

25,19,18,0

色彩延伸：

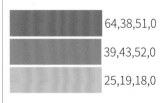

6.3.5 色彩搭配实例

双色搭配	三色搭配	四色搭配

6.3.6 佳作欣赏

6.4 休息区与娱乐区

　　办公空间中的休息区和娱乐区可以让员工在疲劳乏累的时候进行短暂的休息和娱乐，让紧张的心情和疲惫的身体得到放松。休息区和娱乐区通常会安排在相对隐秘的地方，一方面可以远离办公区从而缓解紧张的工作状态，另一方面可以避免影响到其他人工作。休息区和娱乐区设计上会搭配丰富的绿色植物、充足的阳光或柔和的人工光源，营造轻松、愉悦的环境。

6.4.1 休息区——惬意

色彩说明： 左图空间采用绿色调，搭配黄褐色，这些颜色都来自于大自然，可以给人一种自然、清新的感觉

设计理念： 这是一个能够让人深度放松的休息区，设计师努力营造出一个大自然的氛围，让人身处其中仿佛置身于森林

1. 绿色的地毯让人联想到草地
2. 宽大的秋千可以让人舒服地躺下，舒适、惬意
3. 吊灯的造型具有东南亚风格，是"特色""个性"的设计

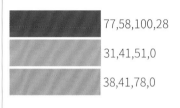

77,58,100,28

31,41,51,0

38,41,78,0

色彩延伸：

6.4.2 休息区——舒适

色彩说明： 左图是一个灰色调的空间，白色与灰色的搭配给人以优雅、舒适的感觉

设计理念： 这是一个独立的休息区，宽大的落地窗奠定了良好的采光，加之白色的墙面使整个空间显得明亮且宽敞

1. 舒适的地毯甚至"放纵"人们光脚走动，使人放松
2. 躺在柔软的懒人沙发上让人觉得安静且舒适
3. 这样一个封闭的空间不仅可以用来休息，还可以用来交流与探讨

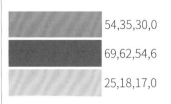

54,35,30,0

69,62,54,6

25,18,17,0

色彩延伸：

6.4.3 娱乐区——欢乐

色彩说明： 左图空间以鲜红色为主色调，它与白色、灰色形成强有力的对比，让空间形成欢乐、愉快的氛围

设计理念： 这是一个封闭的娱乐区，设置的乒乓球台、电视等可以用来日常娱乐

1. 鲜红色调搭配暖黄色灯光给人一种年轻、活力的视觉感受
2. 墙面的涂鸦装饰让空间变得个性突出
3. 灰色的瓷砖造价低廉，美观耐用

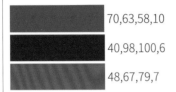

70,63,58,10

40,98,100,6

48,67,79,7

色彩延伸：

6.4.4 娱乐区——活力

色彩说明： 左图空间以绿色作为主色调，不同明度的绿色搭配在一起，给人一种活力、健康的视觉感受

设计理念： 娱乐区能够让员工之间产生互动，增加彼此之间的情感

1. 绿色的球台与绿色的地毯视觉效果统一
2. 墙面几何图形的壁画丰富了空间的视觉元素
3. 良好的采光能够避免狭小空间沉闷、压迫之感，让员工尽情放松

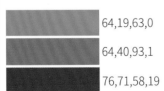

64,19,63,0

64,40,93,1

76,71,58,19

色彩延伸：

6.4.5 色彩搭配实例

双色搭配	三色搭配	四色搭配
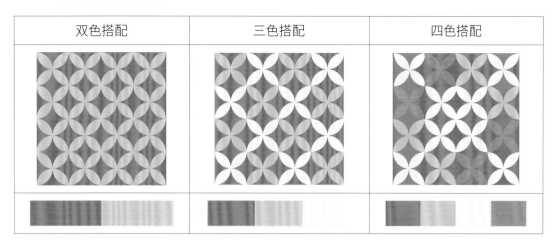		

6.4.6 佳作欣赏

6.5 其他空间

　　在办公空间中还有很多其他用途的空间需要（或要求）设计，例如设备室、资料室、健身室、阅读室、报告厅等，这些空间的设计首先要从自身用途出发，注重内部家具（或用具）的材质选择，注重员工体验。

6.5.1 健身室

色彩说明： 在左图空间中，浅木色的顶棚设计奠定了整个空间的色彩基调，给人一种温和、中庸的视觉感受

设计理念： 这是一间宽阔的健身室，水泥色的墙面和黑色的健身器材，再搭配上浅木色的木饰面顶棚，整体给人一种"柔中带刚"的心理感受

1. 在办公空间中增设健身室能够让员工从身体和心理上得到放松，同时提供了一个交流空间和平台
2. 水泥地面耐磨、耐脏，易于清理，后期维护造价低廉
3. 宽大的落地窗能够让使用者在健身之余欣赏窗外风景

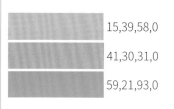

15,39,58,0

41,30,31,0

59,21,93,0

色彩延伸：

6.5.2 阅读室

色彩说明： 左图空间采用低明度色彩基调，所使用的棕褐色很有复古韵味

设计理念： 阅读室是用来看书、学习的空间，所以要设计出一个安静的氛围和舒适的环境

1. 该空间整体明度较低，整体照明较弱，所以在桌上摆放台灯以提高阅读时的光线，仿古的台灯也烘托了气氛
2. 空间中摆放的绿色植物能够美化空间、放松心情，两侧墙面的书架增加了空间储物空间

48,68,83,8

59,0,89,0

75,84,95,69

色彩延伸：

6.5.3 报告厅

色彩说明： 左图空间采用高明度的配色方案，以乳白色搭配浅黄色，整体给人明亮、宽敞的视觉感受

设计理念： 这间报告厅空间较大，采用现代风格的设计，整体给人一种严肃、高雅的感觉

1. 空间属于暖色调，以橘色为点缀色，让空间充满活力
2. 棚顶和墙面竖向的灯带为空间带来动感，具有拉伸空间的作用
3. 浅色调的配色加上充足的照明，让空间显得更加宽敞

17,13,15,0

19,66,79,0

32,29,31,0

色彩延伸：

6.5.4 卫生间

色彩说明： 左图空间以灰色为主色调，搭配深沉的原木色，整体色调给人一种粗犷、沉静的感觉

设计理念： 这是一个工业风格的卫浴间设计，因为面积比较小所以布局比较紧凑。复古风格洗手台应用在工业风格的空间中，混搭交错出多层次的变化。卫生间的设计要与办公空间整体设计风格相统一

1. 洗手台左侧内嵌式的置物架有效地节约了空间
2. 水泥墙面和地面有一分沉静与现代感
3. 良好的照明减轻了深色调的压迫感

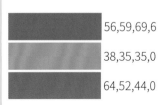

56,59,69,6

38,35,35,0

64,52,44,0

色彩延伸：

说图解色

——办公空间色彩搭配解剖书

6.5.5 色彩搭配实例

双色搭配	三色搭配	四色搭配
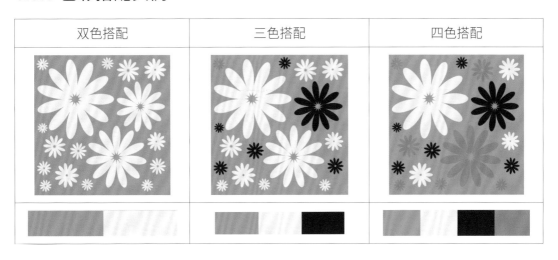		

6.5.6 佳作欣赏

第7章　装饰风格与色彩搭配

　　室内装饰风格是以不同的文化背景及不同的地域特色作依据，通过各种设计元素来营造一种特有的装饰风格。不同的装饰风格有着不同的特点，同时又有明显的规律性和时代性。

7.1 现代风格

现代风格是当前较为流行的办公空间装饰风格，追求的是个性与创造性，而非高档与豪华。在形式上现代风格追求时尚与潮流，空间中会大量运用线条，喜欢用植物装点角落，通过光影的运用在较小的空间内制造变化，普遍适用于中、小企业（无论是风格特色，还是适用空间面积），既好看又实用。

7.1.1 现代风格——精致

色彩说明: 左图空间以白色作为主色调,浅色系材料的运用延续了灵动而清澈的气韵,大方庄重却内含现代时尚

设计理念: 直线条的造型让整个空间显得稳重大方,加之灯光的渲染,反衬出空间的现代与时尚特性

1. 整个空间以大理石为视觉要素,天然的大理石饰面具有很强烈的观赏性
2. 大理石加上黄铜饰面给人以冰冷之感
3. 直线条视觉效果干练、硬朗,让空间产生强烈的纵深感,从而展现质量与效率并举的时代精神

18,13,18,0

14,11,8,0

38,50,67,0

色彩延伸:

7.1.2 现代风格——简洁

色彩说明: 左图空间以白色作为主色调,白色首先给人一种干净、简洁的感觉,搭配现代风格的办公家具使整体氛围格调高雅、精致干练

设计理念: 左图空间线条流畅,透过材质的精准运用及独特设计工法,开启建筑素材与空间的对话,使其展现独特的气势与样貌

1. 顶棚的灯带和半人高的隔断将通道和办公区划分开来
2. 浅灰色颜色柔和,与空间色调协调,并且耐脏非常实用
3. 平顶式的吊灯造型简单,视觉效果简洁,符合现代风格的特点

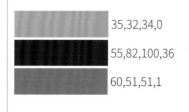

35,32,34,0

55,82,100,36

60,51,51,1

色彩延伸:

7.1.3 现代风格——理性

色彩说明： 在左图空间中，以亮灰色搭配青色，以青灰色作为辅助色，整个空间给人清冷、理性的视觉感受

设计理念： 空间中通道比较宽敞，所以在靠窗的位置添加了座椅和茶几作为休息与交流的区域，充分的利用空间

1. 空间中以玻璃作为主要的视觉元素，玻璃具有透光性，又能节约空间
2. 灰色的底色能够提升场域层次感，营造和谐、减压的办公环境
3. 整个空间场域开阔，落地窗更是让空间拥有宽广的视野

75,46,27,0

24,15,14,0

73,58,51,4

色彩延伸：

7.1.4 现代风格——丰富

色彩说明： 左图空间属于暖色，白色搭配原木色色调给人柔和、亲切的感受，同时具有舒缓压力的作用

设计理念： 在这个空间中，几何图为主要的视觉要素，随机排布的几何图形打破空间原本的单调，让视觉元素更加丰富

1. 木饰面的装饰通过材质的纹理和排布方式让装饰效果更具观赏性
2. 顶棚中裸露的管线被漆成白色，灯具也均为白色，设计师对细节的处理非常到位，让空间色调形成统一的视觉感受
3. 地面不规则的地板铺设方式赋予空间变化个性

30,27,36,0

54,57,73,5

25,18,21,0

色彩延伸：

7.1.5 色彩搭配实例

双色搭配	三色搭配	多色搭配

7.1.6 佳作欣赏

说图
解色

——办公空间色彩搭配解剖书

7.2 工业风格

　　工业风格一直是"粗犷""不羁""随性"的代名词，工业风格的室内设计保留了各种工业元素，例如管道、零件、水泥、矿灯等，在视觉上建立感官的刺激，又带着一丝时尚复古的意味。工业风格会采用中明度或低明度色彩基调，以灰色或者深灰色作为主色调，以黄褐色或红褐色作为辅助色。因为视觉效果美观，并且造价相对较低，是当下非常流行的设计风格。

7.2.1 工业风格——粗犷

色彩说明： 左图空间以低明度为主色调，黑色、灰色、蓝灰色给人以深沉、厚重的视觉感受

设计理念： 空间黄褐色的砖墙象征着粗犷，现代的办公家具和地毯象征温柔，粗犷和温柔的结合打造出与众不同的视觉效果

1. 工业风浓厚的办公空间，格调优雅，颇有旧时光的意味
2. 利用线的特性来伸展空间，展现结构、材质的原始美
3. 黄褐色的砖墙是空间的亮点，给人以沧桑的美感

82,72,61,28

65,68,89,34

87,84,81,71

色彩延伸：

7.2.2 工业风格——复古

色彩说明： 在左图空间中，黑色搭配古铜色，给人以深沉、复古的视觉感受。白色的前台在视觉上形成对比，同时也减轻了视觉上的冰冷感

设计理念： 以古铜色金属饰面作为前台的背景墙，带有镂空花纹的材质视觉效果美观、大方

1. 古铜色调打破了呆板和严肃的氛围
2. 曲线的走廊让空间具有流动性，形成优美的视觉感受
3. 黑色的地面与顶棚颜色相呼应，形成视觉上的统一感

42,65,71,2

75,68,63,23

21,11,11,0

说图解色

——办公空间色彩搭配解剖书

色彩延伸：

7.2.3 工业风格——沉稳

色彩说明： 左图空间采用单色调，黑色的空间给人以沉稳、厚重的视觉感受

设计理念： 这是一间小型的会议室，由于空间色彩明度较低，所以采用了多层次的灯光，这样不仅能够保证照明，还能够形成独特的意蕴

1. 玻璃隔断能够减轻空间的憋闷感
2. 浅木色的椅子在灯光的照射下形成暖色的反光，让空间多了一份温馨之感
3. 红褐色的地板搭配黑色的桌椅及灯具形成沉着、稳重的视觉感受

 48,62,72,4

68,68,73,29

6,25,42,0

色彩延伸：

7.2.4 工业风格——经典

色彩说明： 左图空间为中明度色彩地面，灰色调的配色方案给人以沧桑、陈旧之感

设计理念： 裸露的管线、水泥的墙面和顶棚都是典型的工业风格特点，这些元素搭配在一起给人以粗糙的感觉，有着沧桑的美感

1. 暖色调的办公家具为空间增添了些许温度
2. 多方位的照明保证了室内的光线
3. 白色墙面让空间色调变得轻盈，缓冲了灰色的沉闷感

33,40,46,0

53,44,43,0

66,62,73,19

色彩延伸：

7.2.5 色彩搭配实例

双色搭配	三色搭配	四色搭配

7.2.6 佳作欣赏

7.3 简约风格

简约主义是一种追求极致简单的设计风格，无论是在空间的装饰还是颜色的搭配都十分的简单。虽然简约风格追求简单，但是这并不代表缺乏设计要素，它是一种更高层次的创作境界，通过简约的表现形式来满足人们对空间环境感性、本能和理性的需求。简约风格的设计需要"删繁就简""去伪存真"，运用最少的设计语言，表达出最深的设计内涵。

7.3.1 简约风格——流畅

色彩说明： 左图空间以白色为主色，浅灰色为辅助色，整体色调干净、明快，让人感觉心情舒畅

设计理念： 宽敞的会议室采用包围式的布局，整个空间视野开阔，相互交流更加便捷

1. 会议桌由多个小桌组成，能够灵活地进行重组和排列，增加了空间的功能
2. 顶棚矩形的灯带让空间效果简洁、流畅，为空间增添了动感
3. 灰色的地毯提升了空间的档次，并且丰富了空间中颜色的层次

23,17,18,0

78,69,68,34

16,11,6,0

色彩延伸： :

7.3.2 简约风格——简单

色彩说明： 在左图空间中，高明度的灰色干净、优雅，带着中庸的味道，再搭配中明度的黄色，整个空间给人以安静、祥和的感觉

设计理念： "简单"是这个空间的装饰语言，以极简的设计手法，赋予了一个感官上的简约与简洁

1. 这个前台以简约的设计手法达到以少胜多、以简胜繁的效果
2. 直线的线条视觉效果规范、方正
3. 水泥材质被广泛应用在这个空间中，体现出粗犷的美感

35,32,34,0

16,38,52,0

90,87,88,79

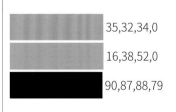  

色彩延伸：

7.3.3 简约风格——纯粹

色彩说明： 左图空间以白色为主色调，以黑色作为辅助色，两种颜色明度反差大，形成鲜明的对比效果

设计理念： 这是一间领导办公室，空间相对宽阔，简单的配色加上简约的办公家具，整个空间给人以纯粹、隐秘的美感

1. 黑色的神秘感与冷酷感、白色的简约感与洁净感，两者搭配创造出空间层次的变化
2. 简洁的线条及良好的采光，给办公室创造一个优秀的光线环境
3. 设计感十足的办公家具是空间的亮点

93,87,88,79

0,0,0,0

色彩延伸：

7.3.4 简约风格——细腻

色彩说明： 左图空间以白色作为主色调，纯白色给人以纯净的美感，通过横梁、家具的颜色作为点缀，为整个空间增添了生活情趣

设计理念： 这是一间领导办公室，位于顶层的阁楼，整个空间宽敞、明亮

1. 为了避免房脊斜坡的危险感觉，所以添加了实木的房梁，无论在构造上还是在视觉上都让人有安全感
2. 浅灰色的地毯颜色明度高，与空间色调相统一
3. 墙面的砖饰面和顶棚的房梁为空间增添了复古的意味

12,7,2,0

49,56,66,2

19,43,57,0

色彩延伸：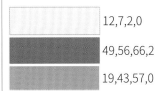

7.3.5 色彩搭配实例

双色搭配	三色搭配	四色搭配

7.3.6 佳作欣赏

7.4 休闲风格

　　休闲风格的办公空间是以"玩"的方式求得身心的调节与放松,其核心是"舒适"与"放松",通常会选择色彩对比弱的配色方案,例如米色、浅棕、浅灰色调。在设计手法上,休闲风格摒弃过多的烦琐与雕琢,力求简单与舒适。

7.4.1 休闲风格——舒适

色彩说明： 左图空间采用暖色调，浅木色调的地板和背景墙，搭配浅色调的沙发、茶几，突出了接待厅亲切、和睦、轻松的氛围

设计理念： 整个空间选用了淳朴温润的浅木色家具，展现出最自然的色泽感，使安静而坦诚的晤谈气氛盎然一室

1. 空间中大量应用了实木材质，让访客能够从空间中体会到归属感和亲切感
2. 浅色调的家具让空间色调变得轻柔
3. 空间中光源充足保证了室内的采光，冷调的灯光有延展空间的作用

28,35,56,0

43,31,42,0

37,29,49,0

色彩延伸：

7.4.2 休闲风格——干净

色彩说明： 在左图空间中，白色的墙面和顶棚奠定了空间的明度基调，搭配黄褐色的书架与灰色调的家具，整个空间给人的感觉是舒适与放松的

设计理念： 这是一个开放式的接待室，舒适的家具可以减轻访客的紧张感，宽阔的空间彰显企业的实力与诚意

1. 为了减轻空间的空旷感觉，所以地面采用了深灰色调
2. 造型奇异的吊灯是空间的一大亮点，丰富了空间的装饰元素
3. 厚重的实木书架既能收纳书籍，也是空间的好点缀

20,17,16,0

41,46,62,0

60,53,53,1

色彩延伸：

7.4.3 休闲风格——优雅

色彩说明：	左图空间采用温和的米色色调，颜色干净、优雅，让人感觉身心放松
设计理念：	空间前台连接接待室，整个空间宽敞、开阔，再搭配柔和的高明度基调，置身其中，会让人倍感温馨自在

1. 接待区的地面以简易拼花来装饰，创意新颖，视觉效果突出
2. 造型独特的椅子虽然外观都不同，但色调统一、和谐
3. 空间大量采用了实木元素，这使得空间给人以干净、明朗、细腻的感觉

35,39,53,0

13,12,15,0

62,57,61,5

色彩延伸：

7.4.4 休闲风格——活力

色彩说明：	在左图空间中，拼块地毯是空间的亮点，青色搭配黄色，饱满的色彩给人以活泼、温馨的感觉
设计理念：	这是一个面积较小的办公区，通过置物架进行过道与办公区的划分，镂空的置物架既能摆放东西，又能通过间隙连通两个空间

1. 室内的绿色植物让空间更具生活情趣
2. 拼块地毯组合方便，能够创造出丰富的视觉效果
3. 舒适的办公家具让工作变得更加轻松

44,20,14,0

79,52,51,2

19,22,55,0

色彩延伸：

7.4.5 色彩搭配实例

双色搭配	三色搭配	四色搭配

7.4.6 佳作欣赏

说图
解色

——办公空间色彩搭配解剖书

7.5 自然风格

　　在这个钢筋水泥的城市中，每个人都有向往自然的追求，将办公空间装饰成自然风格，能够使办公环境变得轻松、悠闲，以减轻工作压力。自然风格的设置通常运用天然的木、石、藤、竹等材质质朴的纹理，在室内环境中力求表现悠闲、舒畅、自然的田园生活情趣。

7.5.1 自然风格——清新

	色彩说明： 左图空间以白色作为底色，以植物的绿色作为辅助色，让整个空间弥漫着自然的气息，身处其中使人感觉心情舒畅
	设计理念： 墙面做成岩石的造型，搭配茂盛的热带植物，整体模拟山洞的感觉，让人有种远离喧嚣，置身于世外桃源之感
	1. 空间举架较高，即使墙面做成岩石的造型也不会有憋闷的感觉 2. 白色的底色保证了空间的情感基调 3. 充足的光线也有减轻压迫感的作用，而且能够保护视力，体现了企业的人文关怀

80,48,99,10		
20,12,8,0		
73,65,70,25		

色彩延伸：

7.5.2 自然风格——清幽

	**色彩说明：** 左图空间以绿色为主色调，搭配黄褐色的木格栅，行走在走廊中有一种穿梭在森林中的感觉
	设计理念： 这是一个狭长的走廊，一整面的植物墙给人以幽静、清新的感觉
	1. 阳光从缝隙中露出来，丰富了空间的层次感 2. 植物墙是个天然的"氧吧"，能够保证室内空气清新 3. 水泥地面质地粗犷坚韧，十分持久耐用

78,62,100,39	
43,35,34,0	
51,27,93,0	

色彩延伸：

7.5.3 色彩搭配实例

双色搭配	三色搭配	四色搭配
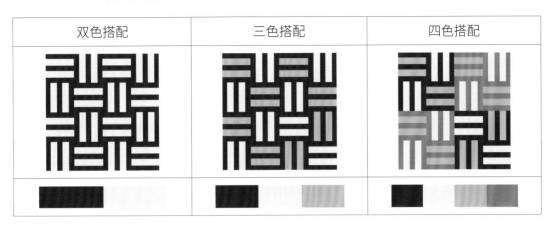		

7.5.4 佳作欣赏

7.6 未来风格

　　未来风格的办公空间通常集创意与想象于一身，具备未来感与科技感两种属性，这种风格的办公空间具有更高的适应性和自由度，并且充满活力，甚至可以不断实现新的演变。

7.6.1 未来风格——动感

色彩说明： 在左图空间中，顶棚、地面与飘窗都采用纯白色调，搭配纯白色的灯光整个空间给人一种轻盈的未来感

设计理念： 在前台空间中，流线型的灯带是空间的一大亮点，它不仅丰富了空间的层次，也为空间带来动感与韵律感

1. 在白色的衬托下，黑色的前台非常抢眼
2. 黄褐色为辅助色，为空间添加了庄重感
3. 沙发的颜色与背景墙的颜色相呼应，统一了空间色调

14,11,10,0

53,73,100,21

78,69,68,34

色彩延伸：

7.6.2 未来风格——冷酷

色彩说明： 在左图空间中，接待区采用深灰色，通过灯光调节空间的气氛，搭配黄褐色的点缀色让空间更具冷酷气息

设计理念： 空间采用优美的弧线，使空间更为流畅连贯。墙面则以直线作为装饰，整体展示了动静皆宜的内敛气息

1. 顶棚的灯带如同时光隧道
2. 具有现代气息的沙发是空间的亮点
3. 圆形的地毯与地板颜色色调统一，但是因为材质的不同，也起到了界定空间的作用

65,77,90,49

71,73,82,47

93,87,88,79

色彩延伸：

7.6.3 色彩搭配实例

双色搭配	三色搭配	四色搭配

7.6.4 佳作欣赏

——办公空间色彩搭配解剖书

第8章　空间色彩的视觉印象

我们生活在这个五彩斑斓的世界中，积累着许多视觉经验，一旦视觉经验与外来色彩刺激发生一定的呼应时，会引起人的心境发生变化。在室内设计中，空间色彩是第一视觉要素，也是"事半功倍"的设计要素。

8.1 粗犷色彩

　　粗犷的视觉印象应该给人一种"大气磅礴""粗野豪放"的感觉，这种视觉印象需要结合颜色和材质共同打造，在颜色上可以选择深色调，例如深褐色、深灰色、黑色等颜色，在材质上可以选择仿古砖、文化石、实木、金属等材质。

8.1.1 粗粝

色彩说明： 左图空间以红褐色为主色调，属于中明度色彩基调，红褐色属于暖色调，身处其中让人觉得舒适、宁静

设计理念： 空间中，墙面裸露的仿古砖形成独特的风景，这种不加修饰的墙面给人一种粗粝、原始的美感

1. 藤编的座椅与整个空间的氛围相统一
2. 良好的采光让空间看起来更加宽敞、明亮
3. 拱形的窗户具有异域风情

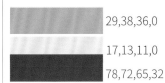

29,38,36,0

17,13,11,0

78,72,65,32

色彩延伸：

8.1.2 原始

色彩说明： 左图空间以灰色为主色，整个空间没有鲜艳的颜色，整体给人一种冰冷、粗糙的感觉

设计理念： 空间中水泥为最重要的视觉元素之一，水泥的质地粗糙，给人一种粗犷、原始的视觉感受

1. 暖黄色的灯光既能保留空间温度又不失粗犷感
2. 空间中的竹、木材质源于自然，这些元素能够让空间显得更加质朴
3. 空间中采用玻璃隔断，这样的设计既能分隔空间，又能保证空间的采光

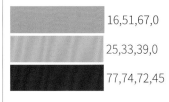

16,51,67,0

25,33,39,0

77,74,72,45

色彩延伸：

8.1.3 色彩搭配实例

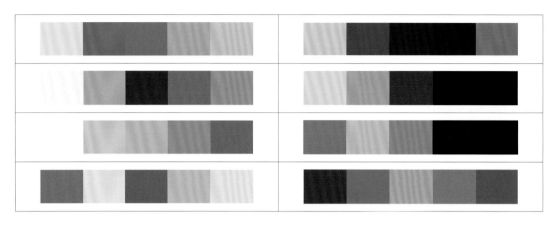

8.1.4 佳作欣赏

说图
解色

——办公空间色彩搭配解剖书

8.2 温暖色彩

　　用来表现温暖的颜色是暖色调，红色、黄色和橙色是很好的选择。温暖能够让人精神亢奋，让人有"如沐春光"的感觉，从而缓解工作带来的紧张感，并且能够活跃人的思维，激发更多的灵感。

8.2.1 和缓

色彩说明： 左图空间以浅灰色作为主色调，以深灰色作为辅助色，以橘黄色作为点缀色，通过这样的搭配让原本单一的色彩有了生机，让空间有了温度

设计理念： 空间采用现代的装修风格，由于面积不大所以采用高明度的色彩基调，多层次的灯光也能减轻小空间的拥堵感

1. 墙面的造型带有浓厚的民族风情
2. 灰色的地毯脚感舒适，能提高空间档次，而且具有吸声的作用
3. 橘黄色的凳子是空间的亮点，像"火把"一样点燃了空间的温度

13,65,85,0

69,65,73,25

33,29,36,0

色彩延伸：

8.2.2 和煦

色彩说明： 左图空间采用单色调的配色方案，统一的黄色调给人一种和煦、温暖的感觉

设计理念： 空间通过颜色、材质、灯光打造一个"暖洋洋"的空间，身处其中让人觉得舒适与放松

1. 造型奇异的灯具形成了一道独特的风格
2. 在这个会议室中大量运用了棉、麻等材质，让人觉得非常亲切
3. 偏冷调的灯光既能提高空间的明度，又能增加空间的视觉反差，丰富空间的层次

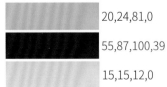

20,24,81,0

55,87,100,39

15,15,12,0

色彩延伸：

8.2.3 色彩搭配实例

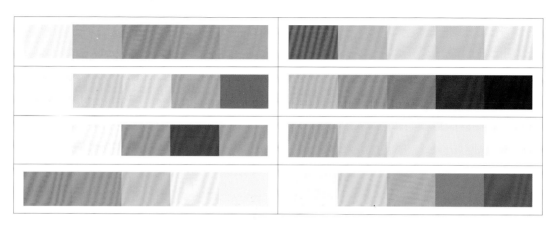

8.2.4 佳作欣赏

8.3 清新色彩

　　能够表现清爽色彩感觉的多为冷色调，例如淡蓝色、淡青色、蓝绿色等，这种颜色的特点是明度高、纯度低，通常与白色、浅灰搭配在一起。

——办公空间色彩搭配解剖书

8.3.1 空灵

色彩说明： 左图空间以淡蓝色作为主色调，整个空间给人一种清新之感，同时空间采用同类色的配色方案，让整个空间色调和谐、统一

设计理念： 这是一间小型的开放式会议室，利用地毯进行空间划分，办公家具是"面和线"的组合，与空间简洁的风格相统一

1. 白色和蓝色的搭配显得简洁明净，让人能够安心思考
2. 地面铺设的多边形地毯造型相对于矩形地毯而言视觉效果更加良好
3. 黄色调的办公家具起到点缀的作用，使空间颜色形成对比

颜色	CMYK
	29,7,6,0
	10,5,4,0
	100,97,58,27

色彩延伸：

8.3.2 清纯

色彩说明： 左图空间以白色搭配浅绿色，整个空间配色干净、整洁，非常适合以女性为中心的企业

设计理念： 这是一个半封闭的会议空间，圆形的办公桌与圆形的吊灯相互呼应

1. 浅绿色干净、清新加以白色的衬托，更具女性柔美的气质
2. 多层次的光源丰富了空间的层次，既满足了照明，又让空间中充满了光与影的变换
3. 浅黄色的地毯色调柔和，既能起到陪衬的作用，又能提升室内的温度，拉近空间与人的距离

颜色	CMYK
	25,12,25,0
	35,39,54,0
	1,10,14,0

色彩延伸：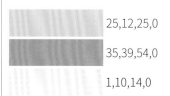

8.3.3 色彩搭配实例

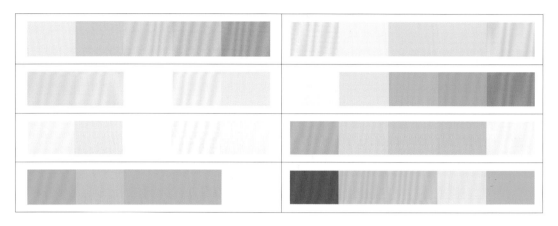

8.3.4 佳作欣赏

——办公空间色彩搭配解剖书

8.4 理性色彩

　　理性是一种波澜不惊的处世态度，体现在办公空间设计中，可以说是再合适不过了，通常深蓝色、藏蓝色、深青色、深灰色这类冷色调能够表现出理性的感觉。

8.4.1 沉着

色彩说明： 左图空间采用中明度色彩基调，整体给人以沉稳、浑厚的感觉，深蓝色的主色调象征着理性、稳重

设计理念： 这是一个开放式的会议室，场域狭长，宽大的会议桌充分利用了空间，同时也体现出严肃感

1. 折线型的吊灯造型像不断上升的折线图，体现出动感，造型别致又能够为空间带来变化
2. 蓝色的地毯、墙面以及座椅色调统一，利用颜色的统一进行空间的划分
3. 裸露的红砖墙面与现代风格的办公家具形成对比，让空间充满了个性与特色

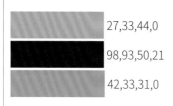

27,33,44,0

98,93,50,21

42,33,31,0

色彩延伸：

8.4.2 沉稳

色彩说明： 左图空间为单色调配色方案，浅黄褐色调容易让人联想到沙漠与戈壁，给人一种沉稳、厚重的感觉

设计理念： 空间墙面与地面采用同一种仿古砖进行装饰，在视觉上形成统一感与延伸感

1. 透明隔断的会议室既能节约空间，又可以增加空间的私密感
2. 白色的灯带既能划分空间，又能够使空间光源变得更丰富
3. 精心设计的仿古砖的拼贴方式让空间层次感更加强烈

69,67,71,26

38,37,50,0

46,42,42,0

色彩延伸：

8.4.3 色彩搭配实例

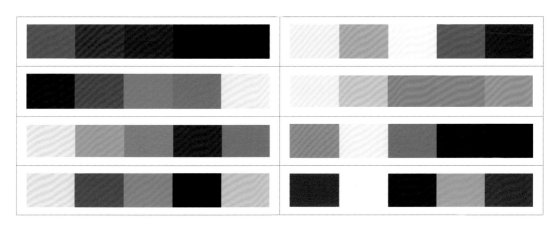

8.4.4 佳作欣赏

8.5 复古色彩

　　随着时间的流逝，无论人与物都会留下岁月的痕迹，脸上的皱纹、斑驳的漆面都带着时间的烙印。复古风格的装修都带有一些"陈旧"的味道，复古色彩通常为暖色系，土黄色、红褐色、橘红色，都是"复古"的体现。有时，复古风格的装修也会"混入"一些现代元素，两者搭配在一起使空间充满了个性与特色。

8.5.1 古典

色彩说明： 左图空间为中明度色彩基调，淡黄色的底色搭配黄褐色，整体倾向于暖色调，给人一种优雅、古典的气息

设计理念： 这是一间领导办公室，整个空间较为宽敞，通过家具与配色营造复古味道

1. 厚重的实木书桌款式古朴，带有年代感，与空间的设计风格融合的恰到好处
2. 书桌、地毯以及沙发色调统一，形成统一的视觉感受
3. 地面铺设的地毯花纹古朴雅致、工艺精良，能够提升空间的档次

	44,46,64,0
	65,77,84,46
	57,64,74,12

色彩延伸：

8.5.2 怀旧

色彩说明： 左图空间以橘红色为主色，以红褐色作为辅助色，这种复古色调给人一种浑厚、深沉的视觉感受

设计理念： 这是一间独立的办公室，厚重的实木家具有宏大的气势，可淋漓尽致地体现出主人的财富和成就

1. 书中和书柜的材质与风格相同，形成统一的视觉感受
2. 黄色调的油画与空间的装修风格以及色调非常统一
3. 暖黄色的灯光营造出家的氛围，让工作气氛变得轻松愉悦

	11,45,57,0
	51,83,98,25
	8,61,71,0

色彩延伸：

8.5.3 色彩搭配实例

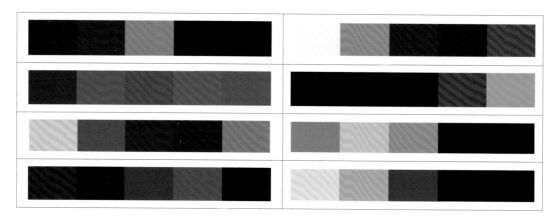

8.5.4 佳作欣赏

说图
解色

——办公空间色彩搭配解剖书

8.6 活泼色彩

　　活泼是形容自然、不呆板的意思，在室内设计中高纯度与
高明度的配色会给人一种活泼、欢快的感觉，尤其是互补色或
对比色的配色方案，这两种配色方案颜色对比鲜明，容易使人
心情愉悦。

8.6.1 活跃

	色彩说明： 左图空间最大的特点是对比强烈，在黑色的底色衬托下，橙色与黄色显得非常抢眼
	设计理念： 这个是一间小型的会议室，整个空间以圆作为主要的视觉图形，通过不同颜色的圆形打造出一个充满活泼、朝气的会议空间
	1. 橘黄色的椅子与空间的色调相统一 2. 空间中细节处理得非常细腻，就连吊灯产生的光影都是圆形的，与整体设计统一 3. 黑色与暖色调的搭配象征着冲击与碰撞，在这样的空间中工作更能激发员工创造力

0,64,79,0

14,45,80,0

49,63,84,7

色彩延伸：

8.6.2 鲜明

	色彩说明： 左图空间采用互补色的配色方案，黄色与蓝色搭配形成非常鲜明的对比，给人一种非常纯粹、鲜活的视觉印象
	设计理念： 空间采用简洁的装饰语言，规范方整、功能健全，与环境形成交流，最终达成默契，突出了现代办公环境讲究效率的特征
	1. 在空间中蓝色为主色调，黄色为辅助色，两种颜色相互对比，互为映衬 2. 天然的大理石纹理自然、美丽，并且能够提升空间档次 3. 用绿色植物装点空间能够使空间更加贴近自然，并且能够填补空间中的空白

2,31,65,0

88,69,0,0

40,26,16,0

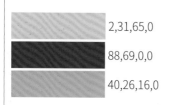  

色彩延伸：

说图
解色

——办公空间色彩搭配解剖书

8.6.3 色彩搭配实例

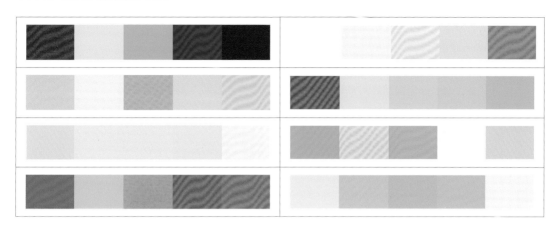

8.6.4 佳作欣赏

8.7 安静色彩

在室内空间中若要营造安静的氛围通常不能使用过多的颜色，也要避免使用颜色饱和度较高的颜色，白色与灰色这两种颜色能够轻松地营造出安静的氛围，但是这两种颜色的大面积使用通常会带来冷清感，若要避免这种感觉可适当用明亮的彩色进行点缀。

8.7.1 沉稳

色彩说明：	左图空间以灰色为主色调，大面的灰色给人以朴素、平和之感，以蓝灰色作为点缀色，营造出安静、沉稳的气氛
设计理念：	在这间会议室中没有过多的装饰，简单的办公家具满足了基本的使用要求，设计特点是通过灯光丰富空间的层次，构成视觉上的美感

1. 背景墙上发光的文字丰富了空间的视觉元素
2. 灰色的地面砖与整个空间色调协调
3. 封闭的空间私密性更强，如果没有窗或者面积比较小，灯光就显得尤为重要，在这个空间中光源就非常充足

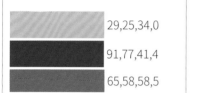

29,25,34,0

91,77,41,4

65,58,58,5

色彩延伸：

8.7.2 寂静

色彩说明：	左图空间采用"无彩色"的配色方案，以白色搭配高明度的灰色，整个空间的明度非常高，没有其他颜色作为点缀，给人一种安静、冷清的视觉感受
设计理念：	这是一间领导办公室，整个空间宽敞而明亮，通过颜色与材质营造一种安静的氛围。有时"简洁"也是一种"个性"

1. 办公桌放在空间的中轴线位置，能够显示主人的"强大气场"
2. 没有繁杂的装饰与颜色，身处其中能够放松心情，提高工作效率
3. 水泥、玻璃这些材质都给人一种冰冷的感觉，从而进一步烘托了空间安静的氛围

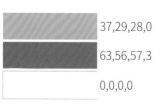

37,29,28,0

63,56,57,3

0,0,0,0

色彩延伸：

8.7.3 色彩搭配实例

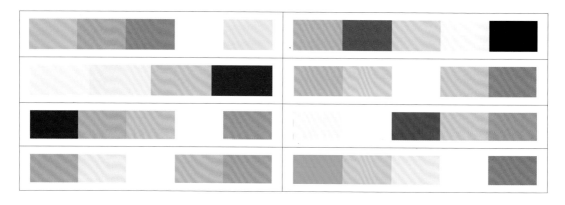

8.7.4 佳作欣赏

说图
解色

——办公空间色彩搭配解剖书

8.8 庄重色彩

　　要在室内色彩中表现庄重，需要采用中明度或者低明度的色彩基调，灰色、咖啡色、卡其色等较为中性的色彩都适合表现出庄重的视觉印象。

8.8.1 稳重

色彩说明： 左图空间为低明度色彩基调，咖啡色调给人一种舒缓、稳重的感觉，为了避免低明度带来的压迫感觉，以浅香槟色作为辅助色，二者搭配在一起色调统一，又有明显对比

设计理念： 这是一个面积较小的办公空间，但是在设计中，每个人都有足够大的办公桌，工作区域非常宽敞，巧妙的设计可避免小空间带来的拥挤感

1. 深褐色的墙面与桌面颜色相同，形成呼应
2. 丰富的灯光让空间充满了光影的变化
3. 现代的装饰风格搭配这种沉稳厚重的色调，给人一种稳定、稳重的心理感受

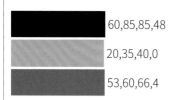

60,85,85,48

20,35,40,0

53,60,66,4

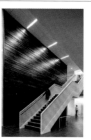

色彩延伸：

8.8.2 气派

色彩说明： 左图空间采用低明度、低纯度的配色手法，黑色与白色是非常经典的搭配，在该空间中黑色的面积较大，给人一种庄重、大气的感觉

设计理念： 这是一间领导办公室，左图的色调设计会给人一种非常强势的心理感受

1. 整个空间装修风格给人一种"后现代"的感觉
2. 空间中以少量的金属作为点缀色，给人一种华丽、轻奢的感觉
3. 墙壁上的柜子采用对称式的布局，同样能够体现出庄重与严肃

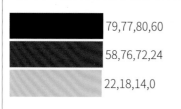

79,77,80,60

58,76,72,24

22,18,14,0

色彩延伸：

8.8.3 色彩搭配实例

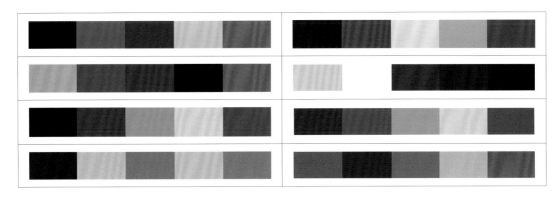

8.8.4 佳作欣赏

8.9 自然色彩

　　自然的色彩大多都取之于自然，将自然的色彩应用在办公空间中能够让久在都市里的人们也有了亲近自然的机会，同时也可放松心情，提高工作效率。能够表现自然的色彩不仅有绿色，还有土黄、褐色等，因为这些颜色能够让人联想起泥土与砂石。

8.9.1 清凉

色彩说明： 左图空间采用与 "树" 相似的配色方案，以深褐色为主色，以绿色为辅助色

设计理念： 空间将洽谈区做成了树洞的样式，造型上贴近自然，十分有创意

1. 树洞造型的洽谈区可以给人私密感
2. 空间中设置了非常多的绿色植物，有种进入森林的感觉，让工作气氛变得放松
3. 空间中地毯的颜色也是绿色的，这能够让人联想到草地，绿色对护眼也很有益

59,64,62,9

33,34,31,0

80,58,100,32

色彩延伸：

8.9.2 悠闲

色彩说明： 左图空间属于中明度色彩基调，灰色让人联想到戈壁，黄褐色让人联想到沙滩，整体给人一种略带苍凉的感觉

设计理念： 整个空间较为开阔，用木格栅做隔断既能区分空间，又具有一定的透光性，保证了空间的私密性

1. 用沙漠植物装饰空间达到了烘托气氛的作用
2. 木格栅材质天然，不加过多修饰，它自然的机理就是很好的装饰
3. 整个空间色彩对比弱，倾向于暖色调，给人一种悠闲、舒适的感觉

42,41,38,0

21,31,40,0

21,17,19,0

色彩延伸：

8.9.3 色彩搭配实例

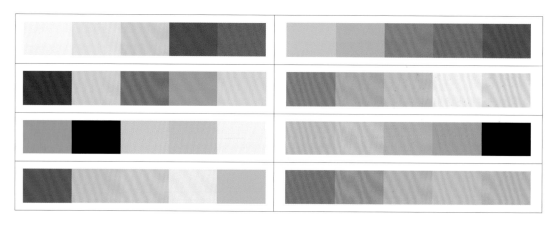

8.9.4 佳作欣赏

8.10 浪漫色彩

浪漫的色彩大多会应用到以女性为主题的空间设计中，应用在办公空间则多鉴于企业性质（流行、时尚）抑或直接源于业主性格与风格，设计上多以高明度、低纯度作为配色的原则，例如淡粉色、淡蓝色、浅紫色等色彩。

8.10.1 温柔

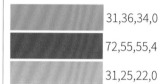

色彩说明： 左图空间采用灰色调，整个空间色调对比较弱，灰粉色、灰绿色都是比较柔和、温柔的颜色

设计理念： 在这个办公空间中，统一的办公家具，对称式的摆放方式，给人一种协调、严谨的感觉

1. 灰调的空间搭配柔和的色彩整体给人一种温柔的感觉
2. 定制的办公家具更能彰显企业精益求精的精神
3. 在白色的衬托下，这样灰调的色彩才不会给人以"脏"和"灰蒙蒙"的负面感受

	31,36,34,0
	72,55,55,4
	31,25,22,0

色彩延伸：

8.10.2 梦幻

色彩说明： 左图空间采用统一的香槟金色调，同色系的色彩搭配给人以统一、协调的美感，柔和的色彩散发着欧式的浪漫风情

设计理念： 空间采用简欧风格，虽然没有复杂的线条，但是它将欧式的美感融入细节之中，用简单的陈设表现出华丽的气质

1. 香槟金色调柔和、梦幻，深受女性业主喜爱
2. 绸缎之感的窗帘散发着柔和的光晕，让空间色调变得更加细腻、温柔
3. 与香槟金色调搭配的现代风格家具整体给人以典雅、大方的感觉

	33,43,53,0
	18,18,20,0
	34,40,44,0

色彩延伸：

说图
解色

——办公空间色彩搭配解剖书

8.10.3 色彩搭配实例

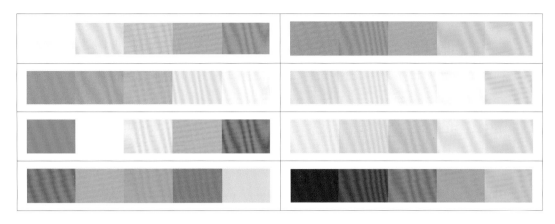

8.10.4 佳作欣赏

8.11 素雅色彩

能够表现素雅的色调应该是明度较高、颜色纯度较低的色彩，且设计中整个空间的颜色不宜过多。

8.11.1 优雅

色彩说明： 左图空间以灰绿作为主色调，颜色婉约带有诗意，让人能够从中感受到宁静、优雅与自然

设计理念： 这是一个临时休息区，设置的大幅装饰画使空间显得张弛有度且气度不凡

1. 红色的天鹅绒座椅让空间具有复古风情
2. 红色与绿色为互补色，两种颜色形成对比关系
3. 这个临时休息区面积狭小，所以将它设计成半封闭则可以避免这种压迫感

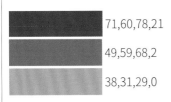

71,60,78,21

49,59,68,2

38,31,29,0

色彩延伸：

8.11.2 干净

色彩说明： 左图空间以白色为主色调，以红色的椅子和紫色的地毯作为辅助色，搭配在一起给人以干净、利落的感觉

设计理念： 空间比较宽敞，自然光线透过玻璃窗落在墙壁上，显得空间很宽敞

1. 开放式的会议室处理得简洁利落，员工在其中会得到开阔的视野，感到舒适，也易于交流
2. 紫色的地毯色调柔和，让空间氛围更加素净、雅致
3. 红色的椅子和置物架相互呼应，可以活跃空间氛围

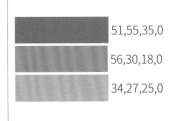

51,55,35,0

56,30,18,0

34,27,25,0

色彩延伸：

8.11.3 色彩搭配实例

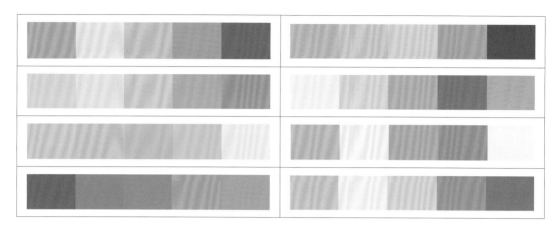

8.11.4 佳作欣赏

8.12 明亮色彩

　　若要营造明亮的氛围，通常会采用高明度的色彩基调，可采用大面积的白色作为底色，再辅以高明度色彩作为辅助色，同时还需要加之灯光的辅助，"没有光就没有色彩"。

8.12.1 明亮

色彩说明：左图空间以白色搭配黄褐色，暖色调的配色给人以干净、爽朗的感觉

设计理念：这个前台空间采用简约风格，灰色的地面，搭配简约的线条，给人以简洁、利落的视觉感受

1. 白色搭配黄褐色，可以很利落地突出前台幕墙上的公司"logo"标志，从某种意义上说是体现凝聚力的表现
2. 前台的灯带可以给空间增加动感，使空间不因"白色"面积大和陈设简单而显得"死板"
3. 前台与接待空间相连使得空间得以完全利用，并且以不同灯光进行空间的划分

49,58,75,3

57,45,40,0

58,42,0,0

色彩延伸：

8.12.2 敞亮

色彩说明：左图空间以白色作为主色调，以浅木色为辅助色，整个空间明度较高，显得空间很宽敞，给人以豁然开朗的感觉

设计理念：开放式的洽谈空间，可以进行大型会议和活动，整个空间色调高雅，装修风格简约大方

1. 采用多层次的照明方法，而且不同的区域均有属于自己的照明装置
2. 右侧的连排沙发不仅节约空间，还能容纳更多的人
3. 现代简约风格的装修彰显了企业年轻、充满活力的风格

16,15,12,0

19,21,32,0

86,74,66,38

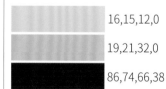  

色彩延伸：

8.12.3 色彩搭配实例

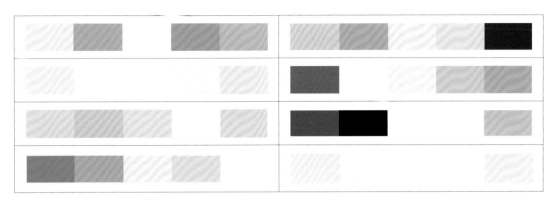

8.12.4 佳作欣赏